国家级技工教育和职业培训教材

高等职业教育系列教材

U0151265

Python 程序设计案例教程

主编　张宗霞

参编　项雪琰　张静

机 械 工 业 出 版 社

本书是一本实用易学、轻量级的 Python 入门教材，以 30 个实用案例为载体，详细介绍了 Python 语言的基础知识和编程思想，内容包括 Python 语言概述，基础语法，流程控制语句，字符串与正则表达式，列表、元组、字典等常用数据结构，函数，异常处理，文件操作，模块和包以及面向对象编程。每章后都配有丰富的习题、课后实训和精练的小结，方便读者进一步巩固知识，增强实践能力。

本书基于 Python 3.6.4，以 PyCharm 作为主要开发环境。书中代码遵循 Python 编码规范，简洁优雅。

本书可作为高职高专计算机相关专业 Python 课程的教材，也可作为广大计算机编程爱好者的入门参考书。

图书在版编目（CIP）数据

Python 程序设计案例教程／张宗霞主编．—北京：机械工业出版社，2021.1
（2025.1 重印）
高等职业教育系列教材
ISBN 978-7-111-67079-7

Ⅰ．①P…　Ⅱ．①张…　Ⅲ．①软件工具-程序设计-高等职业教育-教材
Ⅳ．①TP311.561

中国版本图书馆 CIP 数据核字（2020）第 251463 号

机械工业出版社（北京市百万庄大街 22 号　邮政编码 100037）
策划编辑：王海霞　　责任编辑：王海霞
责任校对：张艳霞　　责任印制：邹　敏
三河市国英印务有限公司印刷

2025 年 1 月第 1 版·第 12 次印刷
184mm×260mm·15 印张·368 千字
标准书号：ISBN 978-7-111-67079-7
定价：55.00 元

电话服务　　　　　　　　　　网络服务
客服电话：010-88361066　　机 工 官 网：www.cmpbook.com
　　　　　010-88379833　　机 工 官 博：weibo.com/cmp1952
　　　　　010-68326294　　金 　书 　网：www.golden-book.com
封底无防伪标均为盗版　　机工教育服务网：www.cmpedu.com

前　言

党的二十大报告指出，推动战略性新兴产业融合集群发展，构建新一代信息技术、人工智能、生物技术、新能源、新材料、高端装备、绿色环保等一批新的增长引擎。随着人工智能的火爆，Python 迅速升温，成为人工智能等方向的首选编程语言。Python 语言简洁优雅，开发效率高，拥有丰富而强大的第三方库，广泛应用于数据科学、网络爬虫、Web 开发和自动化运维等方面。

为了方便零基础的读者快速掌握 Python 语言，特编写此书。

本书基于 Python 3.6.4，采用案例驱动法，详细介绍了 Python 语言的基础知识和编程思想。全书共 10 章，具体章节内容介绍如下。

第 1 章 Python 语言概述。本章主要介绍 Python 语言的发展、版本、特点，Python 和集成开发环境 PyCharm 的安装等，并通过三个有趣的案例帮助读者对 Python 语言有个感性的认知。

第 2 章基础语法。通过"求出一个三位自然数各个位上的数字"和"判断一个给定年份是否为闰年"两个案例，讲解 Python 语言的注释、变量、常用数据类型、运算符和常用内置函数等，并列出 Python 编码规范，旨在一开始就培养读者的编程规范意识。

第 3 章流程控制语句。通过"三个数中找最大""求 100 以内所有奇数的和""猜数游戏""百钱百鸡"4 个案例，重点介绍 if 选择语句和 while、for 循环语句，并对案例实现一题多解，开拓读者的思路。

第 4 章字符串与正则表达式。借助于"从豆瓣读书的相关语句中提取作者等信息"和"从豆瓣电影网的 HTML 语句中提取电影名称和评价人数"两个案例，带领读者学习字符串的相关知识和操作，编写了一个简单的爬虫程序，本章的难点是使用正则表达式实现字符串的查找、替换和分割操作。

第 5 章数据结构。通过"模拟评委打分""奇偶位置交换""奇偶数交换""不同时间段显示不同问候语""个数统计"和"构造没有重复元素的数据集"6 个案例，重点介绍列表、元组、字典和集合这 4 种常用的数据结构，并对 Python 语言中的重要术语——可迭代对象和迭代器进行了初次介绍，最后给出了一个编写简单爬虫程序的案例。本章内容是学习Python 的重点。

第 6 章函数。通过"发红包""统计高频词""增加函数计时功能"3 个案例，循序渐进地讲解函数的定义及调用、4 种参数类型、lambda 表达式、变量作用域、函数嵌套、闭包及装饰器。本章重在思想层面的理解，在编程过程中引导读者提出问题、分析问题和解决问题，锻炼读者从实际问题中抽取出相对独立的功能并定义为函数的基本编程能力。本章的难点是装饰器。

第 7 章异常处理。通过"猜数游戏"和"限定范围的猜数"两个案例，详细介绍常见异常、异常处理的 try-except 结构、主动抛出异常的 raise 和 assert 语句。

第 8 章文件操作。通过"英语四级真题的词频统计"和"文件批量重命名"两个案例，介绍文本文件的打开、读取、复制、重命名等基本操作。

第9章模块和包。通过"导入模块"和"导入包"两个案例，重点讲解模块和包的作用及各种导入方法。

第10章面向对象编程。通过"设计'人'类""设计不同类型的'员工'类""处理来自不同数据源的书评"三个案例，详细介绍面向对象编程思想的相关概念和理论，类的定义，继承和多态的含义、作用及实现，并从类的角度重新阐释可迭代对象、迭代器和生成器。

本书具有以下特点。

1）注重思维的培养。以案例为切入点，带领读者分析问题、解决问题，注重对思考能力和编程思维的培养。

2）以案例为导向。本书内容围绕着一个个案例来组织编写，每个案例分为案例描述、相关知识和案例实现。以案例为导向的方式更适合初学者快速入门。

3）注重实用性。本书案例多来自爬虫、机器学习、Web开发等实际场景。对知识的讲解偏向于实际应用。

4）编码规范。强调编码规范性，注重 Pythonic 编程风格的养成。

5）代码量丰富，代码简洁优雅。本书除了 30 个案例外，还提供了丰富的实例，程序代码力求简洁优雅。

本书由张宗霞主编，项雪琰、张静参与编写。第1章、第2章、第3章和第4.1节由项雪琰编写，第4.2节、第5章、第6章和第10章由张宗霞编写，第7章、第8章和第9章由张静编写。在此对两位参编近一年来的辛勤付出表示由衷的感谢。

本书得以出版，要感谢机械工业出版社编辑的帮助和付出的努力，感谢董付国老师的指引和帮助。另外，此书中有个别代码和案例参考自网络，其中案例3的代码引自 Lucky_Enterprise 的博客中《用 python 绘制小猪佩奇》(https://www.cnblogs.com/qq1079179226/p/10527251.html) 一文，10.2.2.1 继承中的【samplecode10_1】和此代码的执行顺序图 10-2 引自 Huang Huang 的博客中《Python：super 没那么简单》(https://mozillazg.com/2016/12/python-super-is-not-as-simple-as-you-thought.html)，案例 15 和案例 30 参考 Piglei 所写的《Python 工匠：容器的门道》(https://www.zlovezl.cn/articles/mastering-container-types/)，感谢原作者的分享。

本书提供丰富的配套教学资源，包括电子课件、源代码、习题和课后实训的参考答案以及微课视频，其中，微课视频扫描书中二维码即可观看，其他配套资源读者可到机械工业出版社教育服务网（http://www.cmpedu.com）下载。

由于编者水平有限，书中难免有错误或纰漏之处，敬请读者批评与指正。

张宗霞

目　　录

第1章　Python 语言概述

　　Python 是一门优雅而健壮的通用型编程语言，它继承了传统编译型语言的强大功能和通用性，同时也借鉴了简单的脚本和解释型语言的易用性。Python 接近自然语言，读 Python 的代码就像英文文档一样易于理解。在 Python 开发领域流传着这样一句话："人生苦短，我用 Python。"这句话出自 Bruce Eckel，原文是"Life is short, you need Python."人生苦短，欢迎来到 Python 的世界！

　　通过本章的学习，将实现下列目标。
- 了解 Python 语言的诞生和发展历程。
- 了解 Python 语言的特点及用途。
- 掌握 Python 程序的执行原理。
- 掌握 Python 及 PyCharm 的安装方法。
- 学会使用 PyCharm 及 IDLE 新建并运行 Python 文件。

1.1　Python 简介

1.1.1　Python 语言的诞生

　　Python 语言由荷兰人 Guido van Rossum（吉多・范罗苏姆，见图 1-1）于 1989 年发明，第一个公开发行版本发布于 1991 年。ABC 语言是 Python 语言的雏形，由荷兰的数学和计算机研究所开发，Guido van Rossum 也参与了该语言的设计。但 ABC 语言可拓展性差，不能直接读写文件，语法上的过度革新导致它不为大多数程序员所接受，因而传播率低。

　　1989 年圣诞节期间，在阿姆斯特丹的 Guido van Rossum 为了打发时间，开发出一种新的脚本程序，作为 ABC 语言的继承，取名 Python。Python 这个名字源自 Guido van Rossum 喜爱的一部电视喜剧 *Monty Python's Flying Circus*（《蒙迪・派森的飞行马戏团》）。

图 1-1　Python 创始人

1.1.2　Python 语言的发展历程

　　1989 年，Python 语言诞生。

　　1991 年，Python 语言的第一个版本发布。此时 Python 已经具有了类、函数、异常处理、包含表和词典在内的核心数据类型，以及以模块为基础的拓展系统。

　　1991—1994 年，Python 语言增加了 lambda、map、filter 和 reduce。

1

1999 年，Python 语言的 Web 框架之祖——Zope 1 发布。

2000 年，Python 2.0 发布，加入了内存回收机制，构成了现在 Python 语言框架的基础。

2004 年，Web 框架 Django 诞生。

2006 年，Python 2.5 发布。

2008 年，Python 2.6 发布。

2010 年，Python 2.7 发布。

2008 年，Python 3.0 发布。

2009 年，Python 3.1 发布。

2011 年，Python 3.2 发布。

2012 年，Python 3.3 发布。

2014 年，Python 3.4 发布。

2015 年，Python 3.5 发布。

2016 年，Python 3.6 发布。

2018 年，Python 3.7 发布。

2019 年，Python 3.8 发布。

从 2004 年以后，Python 语言的使用率呈线性增长。2011 年 1 月，它被 TIOBE 编程语言排行榜评为"2010 年度语言"。

Python 的发展史是一部典型的励志成长史。自 1989 年诞生以来，从名不见经传到跃居编程语言排行榜前列。2017 年，IEEE Spectrum 发布的研究报告显示，在 2016 年排名第三的 Python 在当年已经成为世界上最受欢迎的语言，而 C 语言和 Java 语言分别位居第二位和第三位。

许多程序员都调侃："人生苦短，我用 Python。"的确，Python 语言的设计哲学是优雅、明确、简单，它是一门优秀并被广泛使用的语言。除此之外，人工智能、大数据的兴起让 Python 成为一门更加流行的语言。

1.1.3 Python 语言的版本

截至目前，仍然保留的版本主要基于 Python 2. x 和 Python 3. x。Python 2. x 是 Python 版本系列中非常重要的版本，最早的版本是从 2000 年开始使用的，特别是从 2006 年开始，随着 Python 2.5 的发布，Python 的功能逐渐强大起来，并慢慢稳定下来，差不多一到两年左右更新一个版本。Python 3. x 在 2008 年左右开始逐渐流行起来。

Python 3. x 的出现其实是为了解决 Python 2. x 的一些历史遗留问题，如字符串的问题、对 Unicode 的支持等。由于 Python 3. x 在设计的时候没有考虑向下兼容，因此基于早期 Python 版本设计的程序都无法在 Python 3. x 上正常执行。

1.1.4 Python 语言的用途

1. Web 应用开发

基于 Python 的 Web 开发框架很多，如耳熟能详的 Django，以及 Tornado、Flask。其中，Python+Django 架构的应用范围非常广泛，其开发速度非常快，学习门槛也很低，能够快速地搭建起可用的 Web 服务。众多大型网站都是用 Python 开发的，如 Google、Youtube、Dropbox、豆瓣网、果壳网等。

2. 科学计算

Python 被广泛地运用于科学和数字计算中，如生物信息学、物理、建筑、地理信息系统、图像可视化分析、生命科学等领域。

3. 人工智能

Python 在人工智能领域内的机器学习、神经网络、深度学习等方面，都是主流的编程语言。目前市面上大部分的人工智能代码，都是使用 Python 来编写的。其提供了大量机器学习的代码库和框架，如 numpy、pandas、scipy、scikit_learn、tensorflow、matplotlib 等，这些库和框架也使得 Python 的优势得以强化，因而使其更适用于人工智能领域。

4. 大数据、云计算

Python 是大数据、云计算领域最火的语言，典型的应用为 OpenStack 云计算平台。大数据分析中涉及的分布式计算、数据可视化、数据库操作等，在 Python 中都有成熟的模块可以完成其功能。对于 Hadoop-MapReduce 和 Spark，都可以直接使用 Python 完成计算。

5. 网络爬虫

网络爬虫（Web Crawler）也称网络蜘蛛，是一种按照一定的规则，自动地抓取万维网信息的程序或脚本。网络爬虫通过自动化的程序有针对性地对数据进行采集和处理，是大数据行业获取数据的核心工具。Python 是目前主流的能够编写网络爬虫的编程语言，Scrapy 是用纯 Python 实现的，它是一个为了爬取网站数据、提取结构性数据而编写的应用框架。Scrapy 架构清晰，模块之间的耦合程度低，可扩展性极强，可以灵活地完成各种抓取数据的需求，只要定制开发几个模块就可以轻松地实现一个爬虫，其应用非常广泛。

6. 网络游戏开发

在网络游戏开发中，Python 也有很多应用，相比于 Lua 和 C++，Python 有更高级的抽象能力，可以用更少的代码描述游戏业务逻辑。Python 非常适合编写 1 万行以上的项目，而且能够很好地把网游项目的规模控制在 10 万行代码以内。

7. 图形用户界面

Python 语言中用于图形用户界面（Graphical User Interface，GUI）开发的界面库有很多，如 Kivy、PyQt、gui2py、libavg、wxPython、TkInter 等。

8. 自动化运维

在系统运维中，有大量工作需要重复进行，同时还需要做管理系统、监控系统、发布系统等工作，如果将这些工作自动化，将大大提高工作效率。Python 是一门综合性的语言，能满足绝大部分自动化运维需求。一般来说，用 Python 编写的系统管理脚本在可读性、性能、代码重用性、扩展性几方面都优于普通的 shell 脚本。

1.1.5　Python 语言的特点

1. 简单易学

Python 的优势之一就是代码量少，逻辑一目了然。Python 简单易懂、易于读写，开发者可以把更多的注意力放在解决问题本身，不用花费太多时间精力在程序语言、语法上。开发者在学习 Python 语言之初就可以用少量的代码构建出更多的功能，极其容易上手，它能带给开发者一种快速学会一门语言的体验。

2. 免费、开源

Python 是免费、开源的，它可以共享、复制和交换。这也帮助 Python 形成了充满活力的社区，使它更加完善，技术发展更快。

3. 可移植性

Python 程序无须修改就可以在任何支持 Python 的平台上运行。由于 Python 是开源的，因此被许多平台支持。

4. 解释型语言

一个用编译型语言（如 C 或 C++）编写的程序，需要从源文件转换为一个计算机使用的语言。这个过程主要通过编译器完成。当运行程序的时候，系统把程序从硬盘复制到内存中并且运行。而 Python 是解释型语言，在运行时不需要全部编译成二进制代码，可以直接从源代码解释一句，运行一句。在计算机内部，由 Python 解释器把源代码转换成字节码的中间形式，再把它翻译成机器语言并运行。

5. 面向对象

Python 从设计之初就是一门面向对象的语言，对于 Python 来说"一切皆为对象"。如今面向对象是非常流行的编程方式，Python 支持面向过程编程、面向对象编程、函数式编程。

6. 丰富的库

Python 拥有一个强大的标准库，其提供了系统管理、网络通信、文本处理、数据库接口、图形系统、XML 处理等拓展功能。

7. 可拓展性

Python 的可扩展性体现为它的模块。Python 语言具有脚本语言中最丰富和强大的类库，这些类库覆盖了文件 I/O、GUI、网络编程、数据库访问、文本操作等绝大部分应用场景。

Python 的可扩展性一个最好的体现是，当需要一段关键代码运行得更快时，可以将其用 C 或 C++语言编写，然后在 Python 程序中调用它们即可。

8. 规范的代码

Python 与其他语言最大的区别就是，其代码块不使用大括号 ｛｝ 来控制类、函数以及其他逻辑判断。Python 语言是"靠缩进控制代码逻辑的语言"，因此必须注意严格缩进，统一的编码规范可以提高程序的开发效率。

9. 胶水语言

Python 语言又称胶水语言，它提供了丰富的 API 和工具，以便开发者能够轻松地使用包括 C、C++等主流编程语言编写的模块来扩充程序。就像使用胶水一样把用其他编程语言编写的模块黏合起来，Python 让整个程序同时兼具其他语言的优点，起到了黏合剂的作用。

1.1.6 Python 语言规范

Python 语言是"靠缩进控制代码逻辑的语言"，因此必须注意严格缩进。在编写代码时，4 个空格表示一个缩进层次（PyCharm 可自动缩进），注意不要使用〈Tab〉键，更不能将〈Tab〉键和空格键混用。

和 C、Java 语言不同，Python 中在行尾不使用分号作为分隔，同时也不使用分号将两条语句放在同一行。Python 程序代码的每行最好不要超过 80 个字符，如果超过，可使用小括号将多行内容隐式地连接起来，而不推荐使用反斜杠 \ 进行连接。

在实际的编程中遵循良好的编码风格，可以有效地提高代码的可读性，降低出错概率和维护的难度。同时，使用统一的编码风格，还可以降低沟通成本。

1.1.7 Python 程序执行原理

计算机不能直接理解任何除机器语言以外的语言，所以必须把程序员所用的程序语言翻译成机器语言，计算机才能执行程序。翻译的方式有两种，一种是编译，另一种是解释，如图1-2所示。编译型语言在程序执行之前，会先通过编译器对源代码统一进行编译，生成一个可执行的文件，然后一次性执行。编译型语言执行速度快，其最典型的例子就是C语言。但在 Windows 平台下生成的可执行文件只能在 Windows 平台下执行，导致编译型语言的跨平台性差，可移植性不好。解释型语言通常不用对源代码进行统一编译，它是在程序运行的时候，通过解释器对程序进行逐行解释，解释一句，运行一句，其最典型的例子是 JavaScript。

Python 属于解释型语言。Python 自带的解释器为 CPython，是一个用C语言编写的 Python 解释器，包含在 Python 安装程序中。

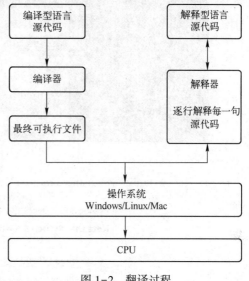

图1-2 翻译过程

Python 解释器首先将源代码编译生成中间字节码，一般情况下，如果源文件被导入，则将中间字节码保存为扩展名为 .pyc 的文件。然后将编译好的字节码转发到 Python 虚拟机（Python Virtual Machine，PVM）中加以执行。Python 解释器解释一句，代码执行一句，因此 Python 程序的执行速度相比编译型语言略慢，但是其跨平台性好。Python 程序在不同的操作系统平台上运行时，只需要在不同的平台上安装不同的解释器，程序就可以执行。

1.2 安装

1 Python 的安装

1.2.1 Python 的安装和环境变量配置

1. Python 的安装

本书中的 Python 程序都是基于 Windows 平台开发的。

下面讲解如何在 Windows 平台下安装 Python 开发环境，具体步骤如下。

1）下载安装包。访问 Python 官网（https://www.python.org），如图1-3所示，选择"Downloads"下的"Windows"选项，找到 Python 3.6.4 版本安装包，单击下载，如图1-4所示。

2）双击下载好的安装包，打开如图1-5所示的对话框，提示有两种安装方式，第一种采用默认安装，第二种采用自定义安装。这里选择默认安装方式。

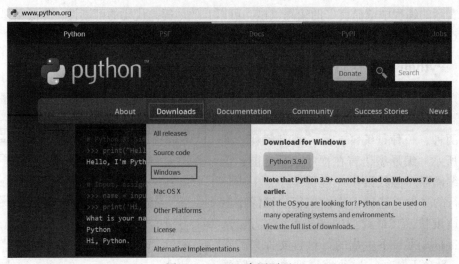

图 1-3　Python 官网页面

图 1-4　下载相应版本安装包

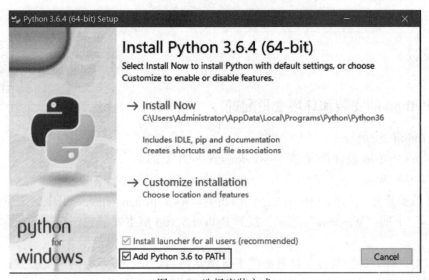

图 1-5　选择安装方式

注意，选择安装方式时，在界面最下方有一个"Add Python 3.6 to PATH"复选框，勾选该复选框后，安装时将自动配置环境变量，否则需要手动配置环境变量。

3）程序开始以默认方式安装，如图 1-6 所示。Python 将被默认安装到以下路径：C:\Users\用户名\AppData\Local\Programs\Python\Python36。

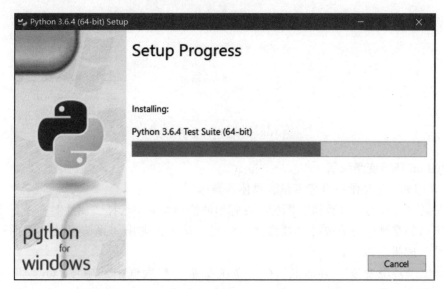

图 1-6　以默认方式安装过程

4）程序安装成功后的提示界面如图 1-7 所示，单击"Close"按钮。

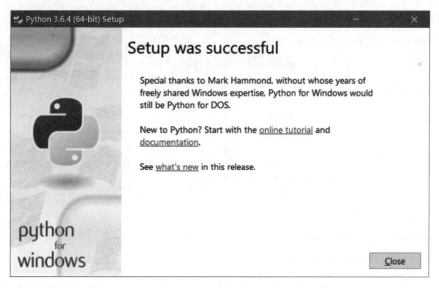

图 1-7　安装成功界面

5）查看 Python 是否安装成功。选择"开始"→"运行"菜单命令，在"运行"对话框中输入"cmd"并按〈Enter〉键，打开命令行窗口，输入"python"并按〈Enter〉键，若出现如图 1-8 所示的内容，则表明安装成功。

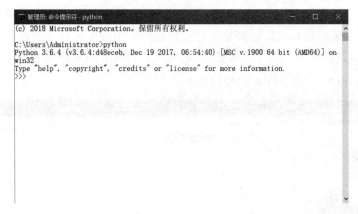

图 1-8　测试是否安装成功

2. Python 环境变量配置

下面介绍如何手动配置环境变量，具体步骤如下。

1）在桌面上右击"计算机"图标，在弹出的快捷菜单中选择"属性"命令，在打开的"系统"窗口的左侧窗格中选择"高级系统设置"选项，弹出"系统属性"对话框，单击"环境变量"按钮，如图 1-9 所示。

2）弹出"环境变量"对话框，在"系统变量"列表框中选中"Path"变量后单击"编辑"按钮，如图 1-10 所示。

图 1-9　"系统属性"对话框

图 1-10　选中 Path 变量

3）添加路径。在打开的"编辑环境变量"对话框中，通过单击"新建"按钮，添加关于 Python 的 2 条绝对路径"C：\Users\用户名\AppData\Local\Programs\Python\Python36\"和"C：\Users\用户名\AppData\Local\Programs\Python\Python36\Scripts\"，单击"确定"按钮，如图 1-11 所示，即可完成环境变量配置。

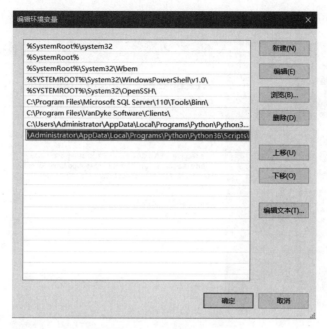

图 1-11　添加路径

1. 2. 2　PyCharm 的安装

2 PyCharm 的安装

PyCharm 是一款由 Jetbrains 公司开发的 Python IDE，带有一整套可以帮助用户在使用 Python 语言开发时提高效率的工具，如调试、语法高亮、Project 管理、代码跳转、智能提示、自动完成、单元测试、版本控制等。可根据不同平台下载相应的 PyCharm，并且每个平台可以选择下载 Professional 或 Community 版本。下面以 Windows 平台为例介绍如何下载并安装 Community 版本，具体步骤如下。

1）进入 PyCharm 官网（https://www.jetbrains.com/pycharm/download），选择 "Windows" 单击 "Community" 栏下的 "Download" 按钮，下载安装包，如图 1-12 所示。

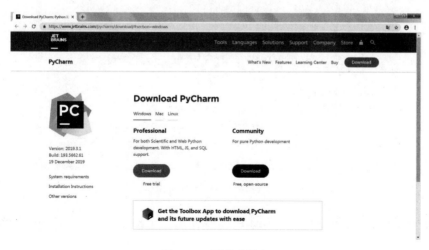

图 1-12　下载安装包

2）运行安装包，进入欢迎界面，如图 1-13 所示，单击"Next"按钮。

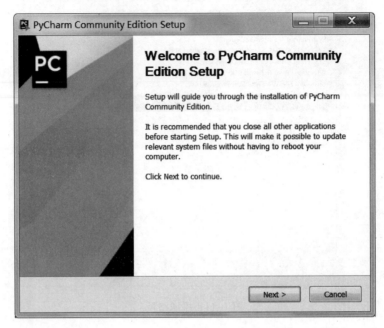

图 1-13　运行安装包

3）进入选择安装路径界面，选择安装路径，如图 1-14 所示，单击"Next"按钮。

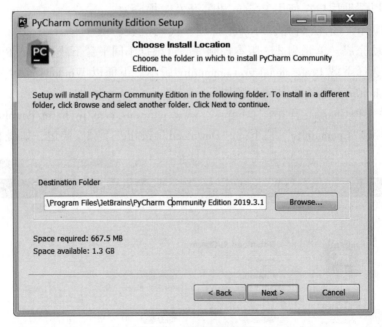

图 1-14　选择安装路径

4）进入配置安装选项界面，勾选图 1-15 所示的三个复选框，单击"Next"按钮。

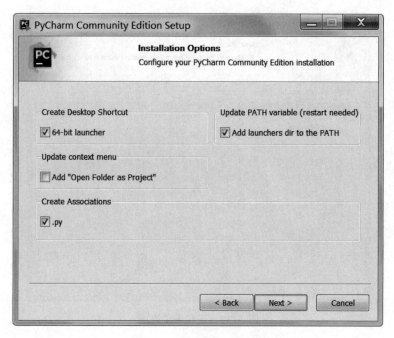

图 1-15　配置安装选项

5）进入选择开始菜单文件夹界面，单击"Install"按钮开始安装，如图 1-16所示。安装过程如图 1-17 所示。

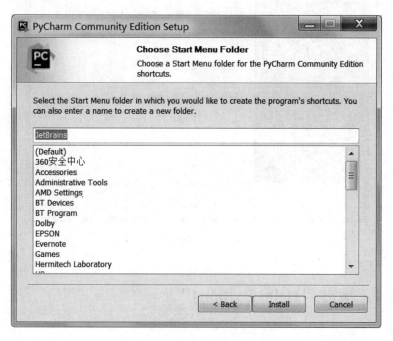

图 1-16　开始安装

6）安装成功后的提示界面如图 1-18 所示，单击"Finish"按钮。

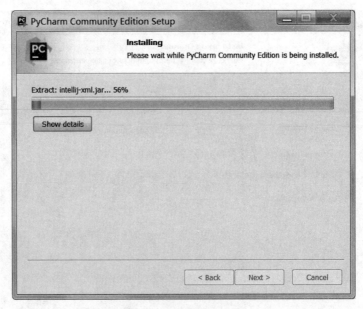

图 1-17　正在安装界面

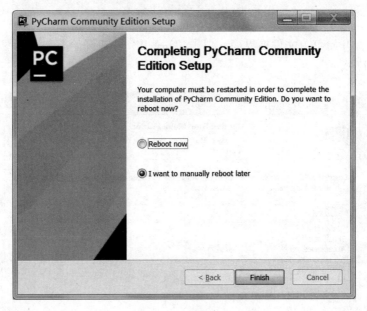

图 1-18　安装成功

1.3　案例 1：输出"Hello Python！"

1.3.1　案例描述

输出一句话："Hello Python！"

学习编程首先需要熟悉开发环境，下面介绍两种常用的 Python 开发环境的基本使用方法。

1.3.2　相关知识

Python 的开发环境很多，常见的有 IDLE、PyCharm 和 Anaconda 等。IDLE 是 Python 自带的开发环境，虽然有点简陋，但是使用起来简单方便，非常适合初学者。Pycharm 是目前 Python 语言最好用的集成开发工具。本书的代码都在 IDLE 或 PyCharm 环境中编写。

1.3.2.1　IDLE 的基本使用方法

对于一些简单的 Python 程序可以使用 Python 自带的 IDLE，它是一个 Python Shell，其使用方法很简单。

1. 启动 IDLE 环境

单击桌面上的"开始"菜单，依次选择"所有程序"→"Python 3.6"→"IDLE（Python 3.6 64-bit）"命令，即可打开 IDLE 窗口，如图 1-19 和图 1-20 所示。

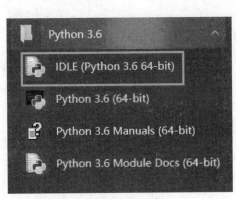

图 1-19　打开 IDLE

图 1-20　IDLE 窗口

2. 编辑、执行单条语句

启动 IDLE 之后默认为交互模式，直接在 Python 的提示符">>>"后面输入相应的语句即可，按〈Enter〉键执行。如果语句正确，立刻就可以看到执行结果，否则提示错误。

```
>>> 3 * 5
15
>>> "hello" +"python"
'hellopython'
>>> grades=[10,30,60]
>>> grades[5]
Traceback（most recent call last）:
    File "<pyshell#3>", line 1, in <module>
        grades[5]
IndexError: list index out of range
```

注意：Python Shell 一次只能执行一条完整语句。

3. 编辑、执行多条语句

当需要编写多行代码时，可以单独创建一个文件保存这些代码，在全部编写完成后一起执行。

（1）创建文件

在 IDLE 窗口的菜单栏上，选择"File"→"New File"菜单命令，打开一个新窗口，在该窗口中可以直接编写 Python 代码，如图 1-21 所示。

（2）编辑代码

在代码编辑区输入一行代码后按〈Enter〉键，将自动换到下一行，输入下一行代码，以此类推，能编写多行代码，如图 1-22 所示。

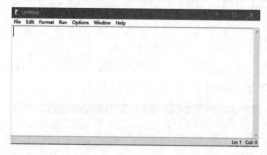

图 1-21　新创建的 Python 文件窗口

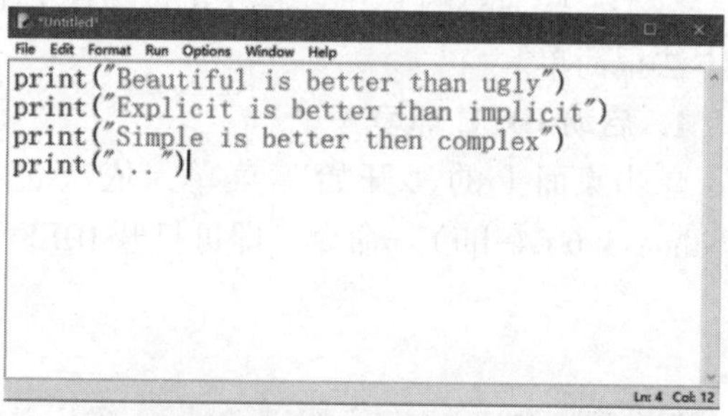

图 1-22　编写多行代码后的 Python 文件窗口

（3）保存文件

选择"File"→"Save File"菜单命令或者按〈Ctrl+S〉快捷键保存文件。

（4）运行程序

选择"Run"→"Run Module"菜单命令或者按〈F5〉快捷键运行程序，运行程序后，将打开 Python Shell 窗口显示运行结果，如图 1-23 所示。

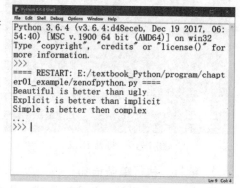

图 1-23　运行结果

1.3.2.2　PyCharm 的基本使用方法

1. 启动 PyCharm

单击桌面上的"开始"菜单，依次选择"所有程序"→"JetBrains"→"JetBrains PyCharm Community Edition 2019. 3"命令，进入 PyCharm 启动界面，如图 1-24 所示。

第一次启动 PyCharm 时，可以为 PyCharm 选择配色，如图 1-25 所示。一般选择"Skip Remaining and Set Defaults"选项，保留默认配色，接着进入欢迎界面，如图 1-26 所示。

图 1-24　PyCharm 启动界面

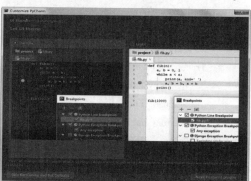

图 1-25　选择配色

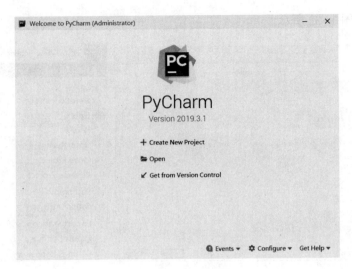

图 1-26　欢迎界面

2. 创建新的项目

第一次启动进入欢迎界面时，可以选择"Create New Project"选项创建新的项目，如图 1-27 所示。接着选择项目的保存路径，如图 1-28 所示，单击"Create"按钮。

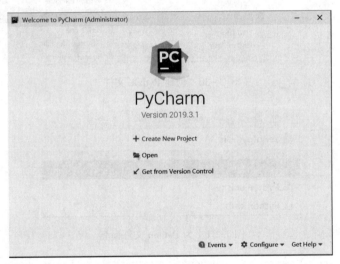

图 1-27　创建新项目

后续再启动 PyCharm 环境时，可以直接选择"File"→"New Project"菜单命令创建新项目，如图 1-29 所示。

3. 创建 Python 文件

在新创建的项目中，右击项目名称，在弹出的快捷菜单中选择"New"→"Python File"命令，创建 Python 文件，如图 1-30 所示。例如，将 Python 文件命名为"zenofpython"，如图 1-31 所示。

4. 编辑代码

创建好 Python 文件后，会生成一个扩展名为 .py 的文件，接下来就可以在代码编辑区中编辑代码，如图1-32所示。

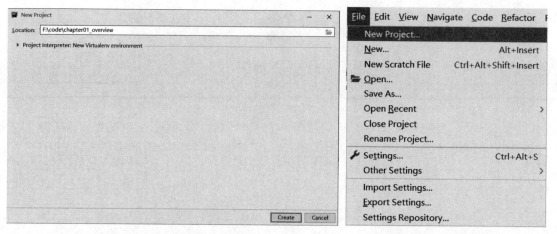

图1-28 选择项目的保存路径   图1-29 创建新项目

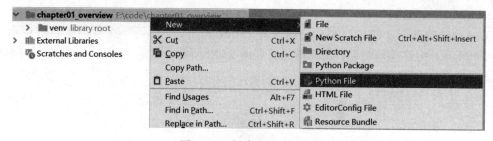

图1-30 创建 Python 文件

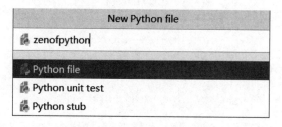

图1-31 为 Python 文件命名

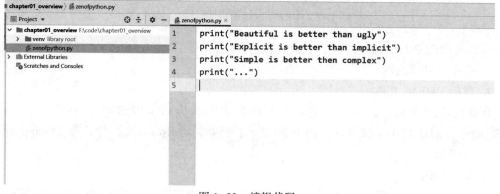

图1-32 编辑代码

5. 选择 Python 解释器

在运行程序之前，可以再检查一下 Python 解释器是否设置好。选择"File"→"Settings"菜单命令，如图 1-33 所示。打开"Settings"对话框，在左侧窗格中选择"Project Interpreter"选项，在右侧窗格中一般会默认列出机器内已安装好的 Python 解释器。若显示没有解释器，则需要单击"Add"按钮手动添加解释器，如图 1-34 所示。

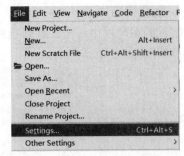

图 1-33　选择"Settings"菜单命令

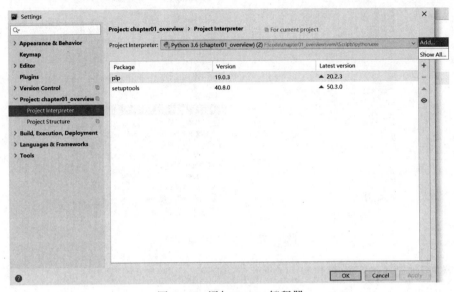

图 1-34　添加 Python 解释器

在"Add Python Interpreter"对话框中，在左侧窗格中选择"System Interpreter"选项，如果在右侧窗格中没有列出 Python 解释器，则单击"…"按钮从本地选择已存在的 Python 解释器，即 python. exe 文件，如图 1-35 所示。单击"OK"按钮完成解释器的选择，如图 1-36 所示。

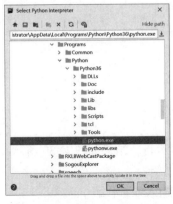

图 1-35　选择 python. exe 文件

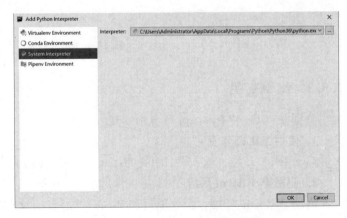

图 1-36　手动选择 Python 解释器

6. 运行代码

在代码编辑区中右击，在弹出的快捷菜单中选择"Run 'zenofpython'"命令，即可运行代码，如图 1-37 所示。

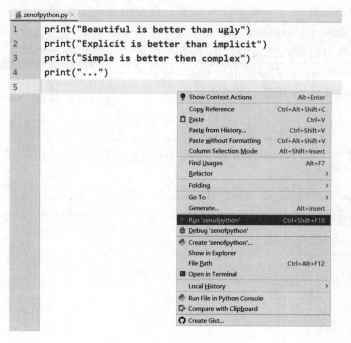

图 1-37　运行 Python 文件

运行结果如图 1-38 所示。

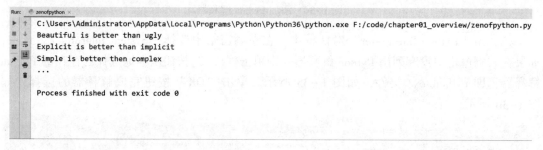

图 1-38　运行结果

1.3.3　案例实现

分别在 IOLE 和 Pycharm 环境中实现。

1. 使用 IDLE 环境

启动 IDLE 环境，输入"Hello，Python"，按〈Enter〉键运行，结果如图 1-39 所示。

2. 使用 PyCharm 环境

启动 PyCharm 环境，新建项目和 Python 文件，在文件中输入如下代码。

```
print("Hello Python!")
```

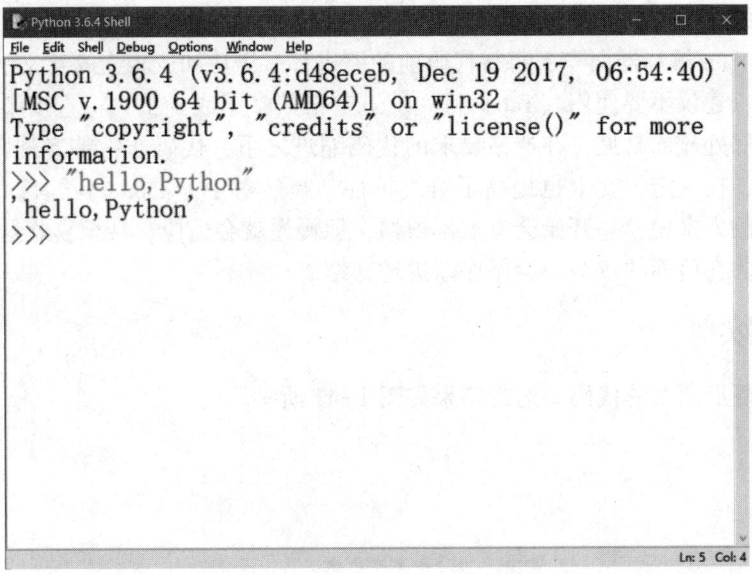

图 1-39　运行结果

运行结果如图 1-40 所示。

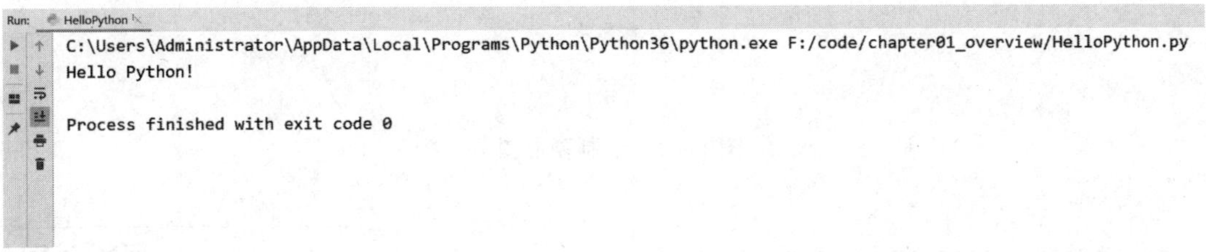

图 1-40　运行结果

1.4　案例 2: 绘制菱形图案

1.4.1　案例描述

下列代码用于绘制菱形图案, 请依照示例原样输入, 观察运行结果。

```python
def drawpattern(n):
    for i in range(1,2 * n,2):
        print(("*" * i).center(2 * n - 1))
    for j in range(2 * n-3, 0, -2):
        print(("*" * j).center(2 * n - 1))
drawpattern(4)
```

1.4.2　相关知识

Python 语言最明显的语法特点是使用缩进表示逻辑。对于大部分语言来说, 如 C、C++

和 Java，代码的缩进不具有强制性，不影响代码的逻辑性和语法正确性，只影响代码的美观。但是对 Python 解释器而言，每行代码前的缩进都有语法和逻辑上的意义。4 个空格表示一个缩进层次，建议不要使用〈Tab〉键。缩进空格数多了或少了，将直接影响语法的正确性。这样做的好处显而易见，在严格要求的代码缩进之下，代码非常整齐规范，赏心悦目，提高了可读性，在一定程度上也提高了可维护性。当然对于 Python 初学者，尤其是有其他编程语言基础的人来说，一开始会有点不习惯，但慢慢就会适应，甚至喜欢这种强制缩进。

Python 语法在后面的章节中会循序渐进地介绍。

1.4.3 案例实现

运行绘制菱形图案的代码。运行结果如图 1-41 所示。

图 1-41 绘制菱形图案

1.5 案例 3：绘制小猪佩奇图形

1.5.1 案例描述

《小猪佩奇》是许多小朋友喜欢看的动画片，火遍了大江南北。请按照给定的源代码输入，看看会输出什么。由于代码量较大，这里不具体列出。源代码详见本教材配套资源中的"\code\chapter01_overview\demo03_小猪佩奇 . py"文件。

1.5.2 相关知识

turtle 库是 Python 的标准库之一，它是一个直观有趣的绘制图像的函数库，俗称海龟绘图。大家可以想象一只小乌龟，从一个横轴为 x、纵轴为 y 的坐标系原点(0,0)的位置开始，根据一组函数指令的控制，在这个平面坐标系中移动，从而在它爬行的路径上绘制出图形。turtle 库易操作，对初学者十分友好，利用 turtle 库可以绘制出大树、玫瑰花、小黄人等各种有趣的图形。由于篇幅所限，本教材不介绍 turtle 库的具体使用，感兴趣的读者可自行查阅相关资料。

1.5.3 案例实现

绘制结果如图 1-42 所示。

图 1-42　绘制小猪佩奇

小结

1. Python 是一门优雅而健壮的通用型编程语言，广泛应用于 Web 应用开发、科学计算、人工智能、大数据和云计算、网络爬虫、网络游戏开发、图形用户界面、自动化运维等领域。

2. Python 语言有很多优点，包括简单易学、免费开源、可移植性、解释型语言、面向对象、丰富的库、可拓展性、规范的代码、胶水语言。

3. Python 是解释型语言，解释一句，执行一句，跨平台性较好。

4. Python 及 PyCharm 的安装是编写代码的基础，要掌握其安装方法。

习题

一、填空题

1. Python 语言的创始人是_____，Python 的第一个公开发行版本发布于_____年。

2. Python 程序可以在多种平台运行，这体现了 Python 语言_____的特性。

3. _____是开发 Python 程序常用的集成开发环境。

4. Python 语言目前有两个主要的版本系列，分别为_____和_____。

5. Python 程序被解释器转换后的文件扩展名为_____。

6. Python 解释器把源代码转换成_____的中间形式，然后再把它翻译成机器语言并运行。

7. Python 是一种_____型语言，而 C 语言、Java 是一种_____型语言。

二、选择题

1. 下列不属于 Python 语言的特点的是（　　　）。

    A. 可移植性　　　　　B. 面向对象　　　　　C. 面向过程　　　　　D. 可拓展性

2. 下列说法错误的是（　　　）。

    A. 在编写代码时，4 个空格表示一个缩进层次

    B. Python 代码的缩进是非强制的，仅为了提高代码的可读性

    C. Python 是一门解释型语言，解释一句执行一句

    D. Python 3. x 不兼容 Python 2. x

课后实训

1. 下载安装 Python 及集成开发环境 PyCharm。

2. 以姓名和学号作为项目的名称，新建一个 Python 文件，输出"Python 是一种面向对象的程序设计语言"。

第 2 章 基础语法

Python 语言的语法与 C、C++、Java 等高级语言有许多相似之处，但也存在一些差异。想要编写出功能强大的 Python 程序，必须要重视基础语法知识的学习，前期的基本功一定要扎实。

通过本章的学习，将实现下列目标。

- 掌握单行注释及多行注释的使用。
- 掌握 Python 中的变量和常用的数据类型。
- 掌握 Python 中不同运算符的使用，会进行不同的数据类型转换。
- 掌握常见的 Python 内置函数，并学会解决实际应用中的问题。
- 了解简单的 if 判断语句。
- 了解 Python 的基础命名规范与编码规范。

2.1 案例 4：求出一个三位自然数各个位上的数字

2.1.1 案例描述

从键盘输入一个三位自然数，求出各个位上的数字。

分析：一个三位数，百位上的数等于该数整除 100 取商，十位上的数等于该数整除 10 后的商再对 10 取余，个位上的数等于该数对 10 取余，这是利用纯数学的方法求出各个位数上的数字。但在 Python 中如何将其用编程的方法实现呢？从键盘输入一个三位自然数，该数字是什么类型？在内存中如何存储？如何将上述计算过程用 Python 语言表示并输出？Python 基础语法就是本节要学习的重点内容。

2.1.2 相关知识

2.1.2.1 注释

为了提高程序的可读性，要为程序添加注释。注释用来说明程序中某些代码的作用和功能，同时也方便他人阅读。特别是当程序的代码量大、逻辑错综复杂、阅读困难时，注释就显得尤为重要。

1. 单行注释

Python 中的单行注释以 "#" 开头，语法格式如下。

```
#单行注释内容
```

从符号 "#" 处开始，直到换行处结束，此部分内容都作为注释的内容。Python 是一门解释型语言，当 Python 解释器遇到 "#" 符号后，会自动跳过这段代码，继续向下执行。

建议在"#"后面添加一个空格，然后再编写相应的说明文字。单行注释放置的位置，既可以是要注释代码的前一行，也可以是注释代码的右侧，两种方式虽然放置位置不同，但程序执行的结果是相同的。示例代码如下。

```
>>> # 这是一个注释
>>> print("Hello,Python!")
Hello,Python!
>>> print("Hello,Python!")   # 这也是一个注释
Hello,Python!
```

2. 多行注释

多行注释可以一次性注释多行内容（包含一行）。多行注释采用三单引号(''' ''')或三双引号(""" """)将多行注释包裹起来，语法格式如下。

```
'''
这是
多行
注释
'''
```

或者

```
"""
这是
多行
注释
"""
```

多行注释通常用于为 Python 文件、模块、类或函数等添加版权、功能描述等信息。需要注意的是，在 Python 中，如果三单引号或三双引号作为 Python 中语句的一部分出现时，就不能再将它们视为多行注释，而应看成字符串的标志（与双引号的作用相同），例如：

```
>>> print('''Hello,Python! ''')
Hello,Python!
```

Python 解释器在运行时，会将三单引号看成是字符串的标志，而不会当成注释跳过不执行。因此，该程序的运行结果会输出字符串"Hello，Python!"。

不论是单行注释还是多行注释，注释不仅能够提高代码的可读性，而且是调试程序的一个重要工具，可以缩小排错的范围。用户在编程过程中难免会出错，如果觉得某段代码可能有问题，可先把这段代码注释起来，这样 Python 解释器在运行的过程中会自动忽略这段代码。再次解释、运行注释后的代码，如果程序可以正常执行，则说明错误就是由注释的这段代码引起的，这样就缩小了排查错误的范围。如果运行注释后的代码依然出现相同的错误，则可以判断错误不是由这段代码引起的，同样也缩小了排查错误的范围。

2.1.2.2 变量

1. 变量的定义

顾名思义，变量（variable）就是在程序执行过程中其值可以变化的量。可以将变量看成一个用来存放数据的容器。一个变量应该有一个名字，称为变量名。

变量有三个要素：数据类型、变量名和变量值。给变量赋值以后该变量才会被创建，其类型和值在赋值的那一刻被初始化。

为变量赋值的语法格式如下。

变量名 = 值

注意："="是赋值运算符，要与比较运算符"=="区分开。

与 C 语言不同，Python 语言允许同时为多个变量赋同一个值。例如：

```
a = b = c = 1
```

也可以同时为多个变量赋不同的值。例如：

```
>>> a,b,c = 1,2,3
>>> a
1
>>> b
2
>>> c
3
```

上面的语句是为变量 a、b、c 分别赋值 1、2、3。

2. 变量在内存中的表示

在 Python 语言中万事万物皆为对象，当为一个变量赋值时，在内存中就为该变量开辟了一块空间用于存储该变量。变量的本质是一个指针，变量中存放的是对象的引用（地址），对象的引用（地址）指向这个对象。

理解变量在计算机内存中的表示也非常重要。例如，当执行"x=3"时，Python 解释器做了两件事情。

1）判断内存中是否存在整数 3，如不存在，就创建整数 3。

2）在内存中创建一个名为 x 的变量，并把它指向整数 3。

当把变量 x 赋值给另一个变量 y，这个操作实际上是把变量 y 指向变量 x 所指向的数据。

```
>>> x = 3
>>> y = x
>>> x = 4
>>> print(y)
3
```

输出变量 y 的值，变量 y 的值到底是 3 还是 4 呢？如果从数学的角度理解，就会认为 x 值和 y 值相同，y 值应该是 4，但实际上 y 的值是 3。

执行 x=3，解释器创建了整数 3 和变量 x，并把 x 指向整数 3；执行 y=x，解释器创建了变量 y，并把 y 指向 x 指向的整数 3；执行 x = 4，解释器创建整数 4，并把 x 的指向改为整数 4，但 y 的指向并没有更改，因此程序最后的输出结果是 3。

3. Python 变量的特点

Python 中的变量有以下三个特点。

1）在 C 语言中，变量必须先定义后使用，而在 Python 语言中，变量无须定义即可直接使用，不需要事先声明变量名及其类型，给变量名直接赋值即可创建各种类型的对象变量。

2）Python 解释器会根据赋值或运算来自动推算变量的数据类型。

3）变量的类型可根据值随时变化。

2.1.2.3 常用数据类型

假设要存储王小明同学的个人信息。

姓名：王小明

年龄：18 岁

性别：男

身高：1.75 米

体重：70 千克

通过观察可以发现，王小明同学的个人信息具有不同的类型，在使用变量存储这些数据时，也需要使用不同的数据类型。Python 语言中的数据类型可以分为数字型和非数字型。数字型主要包括整型、浮点型、布尔型和复数型，非数字型主要包括字符串、列表、元组和字典。

1. 数字型

（1）整型（int）

整型是指整数类型，是不带小数点的数，可以是正整数或负整数。各进制的数字之间可以进行相互转换。

整型数值有四种表示形式。

- 二进制形式：以'0b'开头，如'0b11011'表示十进制的 27。
- 八进制形式：以'0o'开头，如'0o33'表示十进制的 27。
- 十进制形式：正常的数字。
- 十六进制形式：以'0x'开头，如'0x1b'表示十进制的 27。

（2）浮点型（float）

浮点型是 Python 语言的基本数据类型中的一种。顾名思义，浮点型就是用于保存带小数点的数值的数据类型。Python 语言中的浮点型类似于 C 语言中的 double 类型。

浮点型数值有两种表示形式。

- 十进制形式：浮点型数值中必须包含一个小数点，否则会被当成整型数值处理，如 3.14、0.314。
- 科学计数形式：如 3.14e2（即 3.14×10^2）、3.14E2（也是 3.14×10^2）。

（3）布尔型（bool）

布尔型是计算机中最基本的数据类型，它是计算机二进制的体现，布尔型数字都可由 0 和 1 表示，即非真即假。布尔型通常用在条件判断和循环语句中。Python 语言中的布尔型有两个值，True 和 False。在数值环境中，True 可被当成 1，False 被当成 0。与在 C++、Java-

Script 中有所不同，在 Python 中 True 和 False 首字母要大写。

下面几种情况可以认为是假。

- None。
- False。
- 数值中的零，包括 0、0.0、0j（虚数）。
- 空序列，包括空字符串""、空元组（）、空列表［］、空集合 set()。
- 空的字典｛｝。

（4）复数型（complex）

Python 语言还支持复数型，它有以下几个特点。

- 复数由实数部分和虚数部分构成，可以用 real+imagj 或者 complex(real,imag)表示。其中 complex()函数用于创建一个复数或者将一个数或字符串转换为复数型，其返回值为一个复数。
- 复数的实部 real 和虚部 imag 都是浮点型。
- 虚数部分必须要有后缀 J 或 j。

2. 非数字型

（1）字符串（String）

顾名思义，字符串就是一串字符，是由数字、字母、下画线等组成的一串字符。Python 语言要求字符串必须使用引号（单引号或双引号）括起来。例如，"abc"、'Python'、'123'、"人生苦短,我学 Python。"。

（2）列表（List）

列表是 Python 中最常用的数据类型。它可以存储不同类型的数据，用一对方括号［］把用逗号分隔的不同数据项括起来。例如，list=［"abc",'Python',123,［2,'a'］］。

（3）元组（Tuple）

元组与列表类似，不同之处在于元组的元素不能修改，元组使用一对圆括号（）表示。元组的创建很简单，只需要在括号中添加元素，并使用逗号隔开即可。例如：tuple1=(1,2,3,4,5)

（4）字典（Dictionary）

字典是 Python 中除列表以外最灵活的数据类型。它用于存放具有映射关系的数据，字典可以使用一对花括号｛｝定义。字典使用键值对存储数据，键值对之间使用逗号分隔，键（Key）是索引，值（Value）是数据，键和值之间使用冒号：分隔。字典是一个无序的数据集合，当使用 print()函数输出字典时，有时输出的顺序和定义的顺序是不一致的。例如：

```
>>> dic1={"name":"小明","age":18,"sex":"男","height":1.75,"weight":70}
>>> print(dic1)
{'name': '小明', 'height': 1.75,'age': 18, 'sex': '男', 'weight': 70}
```

3. 数据类型的转换

在处理数据时经常需要转换数据的格式，以方便数据遍历等操作，这时候需要借助一些函数实现数据类型的转换。常见的数据类型转换函数如表 2-1 所示。

表 2-1　数据类型转换函数

函　　　数	函　数　说　明
int(x)	将对象转换成整型
float(x)	将对象转换成浮点型
complex(x)	将对象转换成复数型
str(x)	将对象转换成字符串
tuple(seq)	将列表转换为元组
list(tuple)	将元组转换为列表

例如，将字符串类型的值转换成整型数值。

```
>>> str = "123"
>>> num = int(str)
>>> print(num)
123
>>> type(num)
<class 'int'>
```

type()函数通常用来查看数据的类型。

2.1.2.4　常用运算符

1. 算术运算符

算术运算符是运算符的一种，用于完成基本的算术运算。算术运算符常用来处理四则运算，具体描述如表 2-2 所示。

表 2-2　算术运算符

运算符	描　　述	举　　　例
+	加	10 + 20 = 30
−	减	10 − 20 = −10
*	乘	10 * 20 = 200
/	除	10 / 20 = 0.5
//	取整除	返回除法的整数部分（商），如 7//2 的输出结果是 3
%	取余数	返回除法的余数，如 7 % 2 的输出结果是 1
**	幂	又称次方、乘方，如 2 ** 3 的输出结果是 8

在 Python 中，＊运算符还可以用于重复输出指定次数的字符串。
例如：

```
>>> print("-" * 50)
--------------------------------------------------
```

和数学中的运算符优先级一样，在 Python 中进行数学运算时也有优先级：先乘除后加减，有括号时先计算括号里面的，同级运算符是从左到右计算的。

【例 2-1】输入直角三角形两个直角边的长度 a、b，求斜边 c 的长度。

分析：直角三角形边长满足勾股定理 $a^2+b^2=c^2$，利用基本算术运算符即可求出 c^2，然

后对 c^2 进行开方时, 可以采用刚才讲过的幂运算符进行开方, 最后进行输出显示。

代码如下。

```
a = float(input("请输入斜边1的长度"))    # 从键盘输入一条边长,并赋值给变量 a
b = float(input("请输入斜边2的长度"))    # 从键盘输入一条边长,并赋值给变量 b
c = (a * a + b * b) ** 0.5              # 计算得到斜边的平方,并用幂运算符开方
print("直角三角形斜边的长度为:", c)      # 输出结果
```

在本例题中对 c^2 进行开方时, 既可以采用幂运算符, 也可以使用 Python 内置的 sqrt( ) 函数, 不过在使用该函数前需要导入 math 模块。读者在编程中要拓展思路, 从多个角度出发, 用不同的方法去解决问题。

2. 赋值运算符

赋值运算符主要用来为变量赋值。赋值运算符为 " = ", 在使用时, 既可以将等号右侧的值直接赋给左侧的变量, 也可以将右侧的值进行某些运算后再赋值给左侧的变量。

例如:

```
>>> n1 = 100
>>> f1 = 23.5
>>> s1 = "www.baidu.com"
>>> sum1 = 23 + 45
```

注意: =和==的含义完全不同, 前者是用来赋值的赋值运算符, 后者是用来判断两边的值是否相等的等号, 在使用时千万不要将其混淆。

3. 复合赋值运算符

赋值运算符 " = " 还可与其他运算符 (算术运算符、位运算符等) 结合, 成为功能更强大的复合赋值运算符, 具体如表 2-3 所示。

表 2-3　复合赋值运算符

运　算　符	描　述	举　例	展　开　形　式
=	最基本的赋值运算	x = y	x = y
+=	加赋值	x += y	x = x + y
-=	减赋值	x -= y	x = x - y
*=	乘赋值	x *= y	x = x * y
/=	除赋值	x /= y	x = x / y
//=	取整除赋值	x //= y	x = x // y
%=	取余数赋值	x %= y	x = x % y
**=	幂赋值	x **= y	x = x ** y
&=	按位与赋值	x &= y	x = x & y
|=	按位或赋值	x |= y	x = x | y
^=	按位异或赋值	x ^= y	x = x ^ y
<<=	左移赋值	x <<= y	x = x << y, y 指的是左移的位数
>>=	右移赋值	x >>= y	x = x >> y, y 指的是右移的位数

例如：

```
>>> n1 = 100
>>> f1 = 23.5
>>> n1 -= 80          # 等价于 n1=n1-80,结果为 20
>>> f1 *= (n1-10)     # 等价于 f1 = f1 * (n1-10),结果为 235.0
>>> print(n1,f1)
20 235.0
```

通常情况下，复合赋值运算符使得赋值表达式的书写更加优雅和方便，只要能使用复合赋值运算符，都推荐使用这种赋值运算符。

但是需要注意的是，复合赋值运算符只能针对已经存在的变量赋值，因为赋值过程中需要变量本身参与运算，如果变量没有提前定义，它的值就是未知的，无法参与运算。例如，下面的写法就是错误的。

```
>>> n2 += 10
Traceback (most recent call last):
  File "<pyshell#26>", line 1, in <module>
    n2 += 10
NameError: name 'n2' is not defined
```

该表达式等价于 n2 = n2 + 10，由于 n2 没有提前定义，其值是未知的，因此它不能参与加法运算，否则程序会报错。

4. 位运算符

计算机内所有的数都以二进制的形式进行存储，位运算就是把数字转换为二进制数字来进行运算的一种运算形式。Python 支持的位运算符有如下 6 个。

- &：按位与。
- |：按位或。
- ^：按位异或。
- ~：按位取反。
- <<：左移运算符。
- >>：右移运算符。

具体描述如表 2-4 所示。

表 2-4　位运算符

运　算　符	描　　述
&	按位与，参与运算的两个值，全 1 则 1，否则为 0
		按位或，参与运算的两个值，有 1 则 1，否则为 0
~	按位取反，对每个二进制位取反，把 1 变为 0，把 0 变为 1
^	按位异或，参与运算的两个值，相异则 1，否则为 0
<<	按位左移，二进制位全部左移指定的位数，高位丢弃，低位补 0
>>	按位右移，二进制位全部右移指定的位数，移出的位丢弃，移进的位补 0

注意：位移运算符只适合对整型数值进行运算。

5. 成员运算符

成员运算符用于判断一个成员是否在容器类型对象中，具体描述如表2-5所示。

表2-5 成员运算符

运 算 符	描 述	举 例
in	如果在指定的序列中找到值就返回 True，否则返回 False	x 在 y 序列中，如果 x 在 y 序列中就返回 True
not in	如果在指定的序列中没有找到值就返回 True，否则返回 False	x 不在 y 序列中，如果 x 不在 y 序列中就返回 True

例如：

```
a = 10
list = [1, 2, 3, 4, 5]
if a in list：
    print("变量 a 在给定的列表 list 中。")
else：
    print("变量 a 不在给定的列表 list 中。")
```

运行结果为输出"变量 a 不在给定的列表 list 中。"。

2.1.2.5 常用内置函数

1. print( ) 输出函数

4 常用内置函数

print( ) 函数是 Python 的基本函数，print( ) 函数是一个输出函数，可以用它来输出想要输出的内容。语法格式如下。

$$\textbf{print}(\textbf{value}, \dots, \textbf{sep} = '', \text{end} = '\backslash n', \text{file} = \text{sys. stdout}, \text{flush} = \text{False})$$

参数说明如下。

- value：可以接收任意多个变量或值，因此 print( ) 函数可以输出多个值。
- sep：使用 print( ) 函数输出多个变量时，默认以空格隔开多个变量，如果希望改变默认的分隔符，可通过 sep 参数进行设置。
- end：用来设置以什么结尾，默认值是换行符\n，可以换成其他字符串，如\t、" " 等。
- file：表示设置输出设备，把 print( ) 函数中的值输出到什么地方，默认输出到标准端（sys. stdout）。
- flush：该参数只有两个选项 True 或 False。True 表示强制清除缓存，False 表示缓存的事情交给文件本身。

例如：

```
print('人生苦短,', )
print('我学 Python。')
```

注意：在 Python 3 中，print( ) 函数输出结果后总是默认换行的。

运行结果为：

> 人生苦短，
> 我学 Python。

如果设置其中的参数 end = ' '，则程序不换行。

```
print('人生苦短,', end = ' ')
print('我学 Python。')
```

运行结果为：

> 人生苦短,我学 Python。

如果是数字等内容，print( )函数会原样输出该内容。例如：

```
>>> a = 1
>>> b = 2
>>> print(a)
1
>>> print(b)
2
```

如果想输出多个变量，那么不同的变量之间用英文逗号分隔。例如：

```
>>> a = 1
>>> b = 2
>>> c = 3
>>> print(a,b,c)
1 2 3
```

2. input( )输入函数

与 print( )函数相对应的就是 input( )函数。input( )函数用于向用户显示一条提示信息，然后获取用户输入的内容，无论用户输入什么内容，程序总会将用户输入的内容转换成字符串，因此 input( )函数总是返回一个字符串类型的变量，如果想要得到其他类型的数据，需要进行强制类型转换。语法格式如下。

变量名 = input("文字说明")

例如：

```
# 以键盘的方式获取一个整数
username = input("请输入一个整数:")
```

3. help( )函数

当调用一些函数或模块时，可能会忘记一些函数的参数或返回值等细节，可以使用 Python 内置的 help( )函数。help( )函数用于查看函数或模块用途的详细说明。语法格式如下。

help(对象名)

例如，使用help( )函数查看print( )函数的说明。

```
>>> help(print)
Help on built-in function print in module builtins：

print(...)
    print(value, ..., sep=' ', end='\n', file=sys.stdout, flush=False)

    Prints the values to a stream, or to sys.stdout by default.
    Optional keyword arguments：
    file：a file-like object (stream)；defaults to the current sys.stdout.
    sep：string inserted between values, default a space.
    end：string appended after the last value, default a newline.
    flush：whether to forcibly flush the stream.
```

4. type( )函数

type( )函数能够查看一个对象的数据类型。type( )函数是一个常用的 Python 内置函数，调用它能够得到一个返回值，从而查询到对象的类型信息。语法格式如下。

type(对象名)

例如，查询以下两个对象的数据类型。

```
>>> type(123)
<class 'int'>
>>> type("I Love Python!")
<class 'str'>
```

通过查询，验证了数字 123 的数据类型是整型，"I Love Python!"的数据类型为字符串类型。

5. id( )函数

id( )函数用于获取对象的内存地址。语法格式如下。

id(对象名)

例如，查看数字 123 和字符串"I Love Python!"在内存中的地址。

```
>>> a = 123
>>> b = "I Love Python!"
>>> id(a)
270331728
>>> id(b)
44532544
```

2.1.3 案例实现

基本思路：通过 input( )函数让用户从控制台输入一个三位数，并将输入的内容强制转化成整型数值，然后计算出百位、十位、个位上的数字。算术运算符//和%分别表示整除和取余。百位上的数等于该数整除 100 取商，十位上的数等于该数整除 10 后的商再对 10 取余，个位上的数等于该数对 10 取余，最后将结果输出显示。

代码如下。

```
x = int(input('请输入一个三位数:'))
a = x // 100            # 百位上的数字
b = x // 10 % 10        # 十位上的数字
c = x % 10              # 个位上的数字
print(a, b, c)
```

以上是通过数学运算的方式将一个三位数中各个位上的数字计算出来，大家也可自行查询如何借助 Python 语言中的函数如 divmod( ) 函数、map( ) 函数编程实现该案例。在学习了字符串的切片后，本案例也可使用字符串的切片来完成，而且代码量更少、更加简单。

2.2　案例 5：判断一个给定年份是否为闰年

2.2.1　案例描述

输入一个年份，判断该年份是否为闰年。

分析：有这样一句俗语"四年一闰，百年不闰，四百年再闰"。闰年分为普通闰年和世纪闰年，普通闰年是指年份不能被 100 整除且是 4 的倍数，如 2004 年就是普通闰年；世纪闰年是指年份能被 400 整除，如 1900 年不是世纪闰年，因为 1900 年虽然是整百数，但 1900 不能被 400 整除，而 2000 年是世纪闰年，因为 2000 能被 400 整除。也就是说，判断是否为闰年需要满足两个条件中的任一个。条件 1 是不能被 100 整除，且能被 4 整除；条件 2 是能被 400 整除。只学习算术运算符还不够，还需要学习比较运算符和逻辑运算符才能完成本案例的编写，本节就来学习这两种运算符及简单的 if 条件判断语句。

2.2.2　相关知识

2.2.2.1　比较运算符和逻辑运算符

1. 比较运算符

比较运算符也称关系运算符，用于对常量、变量或表达式的结果进行大小比较。如果这种比较是成立的，则返回 True（真），否则返回 False（假）。比较运算符的运算结果非真即假，因此比较运算符经常用在条件判断中。Python 中的比较运算符如表 2-6 所示。

表 2-6　比较运算符

运算符	描　　述	举　　例
==	判断两个操作数的值是否相等，如果值相等，则为真，否则为假	a＝3，b＝3，则（a == b）为 True
!=	判断两个操作数的值是否相等，如果值不相等，则为真，否则为假	a＝1，b＝3，则（a != b）为 True

运算符	描 述	举 例
<>	判断两个操作数的值是否相等，如果值不相等，则为真，否则为假	a=1，b=3，则（a <> b）为 True
>	判断左操作数的值是否大于右操作数的值，如果是，则为真，否则为假	a=7，b=3，则（a > b）为 True
<	判断左操作数的值是否小于右操作数的值，如果是，则为真，否则为假	a=7，b=3，则（a < b）为 False
>=	判断左操作数的值是否大于或等于右操作数的值，如果是，则为真，否则为假	a=3，b=3 则（a >= b）为 True
<=	判断左操作数的值是否小于或等于右操作数的值，如果是，则为真，否则为假	a=3，b=3 则（a <= b）为 True

例如：

>>> print("12 是否大于 34:"，12 > 34)
12 是否大于 34：False
>>> print("34 是否等于 34.0:"，34 == 34.0)
34 是否等于 34.0：True
>>> print("24 * 5 是否大于等于 100:"，24 * 5 >= 100)
24 * 5 是否大于等于 100：True

Python 中比较运算符可以连用，如 x<y<=z 就相当于 x<y and y<=z。

例如：

>>> x = 10
>>> y = 20
>>> z = 30
>>> x < y <= z
True

2. 逻辑运算符

高中数学中就涉及逻辑运算。例如，p 为真命题，q 为假命题，那么 "p 且 q" 为假，"p 或 q" 为真，"非 q" 为真。Python 中也有类似的逻辑运算和逻辑运算符。逻辑运算符可以用来操作任何类型的表达式，不管表达式是不是布尔型，同时，逻辑运算的结果不一定是布尔型，它可以是任意类型。常用的逻辑运算符如表 2-7 所示。

表 2-7 逻辑运算符

运算符	描 述	举例（a=10，b=20）
and	逻辑与运算符。x and y，如果 x 为 False，则返回 False，否则返回 y 的值	a and b 返回 20
or	逻辑或运算符。x or y，如果 x 不为 False，则返回 x 的值，否则返回 y 的值	a or b 返回 10
not	逻辑非运算符。not x，如果 x 为 True，则返回 False，如果 x 为 False，则返回 True	not(a and b)返回 False

逻辑运算符还有一个特点：惰性求值。所谓惰性求值也就是延迟求值，即在需要时才进行求值的计算方式。例如，表达式 a and b，如果 a 为假，则不需要计算 b 是否为真，只有当 a 为真时，才需要计算 b 的值；同理，表达式 a or b，如果 a 为真，则不需要计算 b 是否为真，只有当 a 为假时，才需要计算 b 的值。

例如：

```
>>> a,b = 10,20
>>> a and b
20
>>> a or b
10
>>> not( a and b)
False
```

在编写复杂的条件表达式时，可充分利用惰性求值这个特点，合理安排不同条件的先后顺序，在一定程度上可以提高代码运行速度。

在 Python 中，逻辑运算符是有优先级的，逻辑运算符的优先级为 not>and>or。

例如：

```
>>> print( 10 and 20 or 5)
20
>>> print( not 10 and 20 or 5)
5
```

表达式 1 的运行结果为 20。计算过程为：首先计算逻辑与，10 and 20 中 10 为真，因此 10 and 20 的结果为 20，然后再计算 20 or 5，20 为真，所以最后结果为 20。

表达式 2 的运行结果为 5。计算过程为：首先计算逻辑非，not 10 的结果为 False，False and 20 的结果为 False，False or 5 的结果为 5，所以最后结果为 5。

2.2.2.2　简单的 if 语句

选择结构是程序根据条件判断结果而选择不同执行路径的一种方式。if 双分支结构是最常用的选择语句。双分支结构就是有两个分支，当程序执行到 if…else…语句时，一定会执行 if 或 else 中的一个，而且只执行两者中的一个。语法格式如下。

```
if 判断条件：
    语句块 1
else：
    语句块 2
```

【例 2-2】模拟用户登录功能。如果用户名为 admin 且登录密码为 123456，则输出"登录成功!"，否则输出"登录失败"，请重新登录！

分析：模拟用户登录，若用户输入的用户名、登录密码和初始用户名、登录密码相同则登录成功，否则登录失败。

代码如下。

```
username = input("请输入用户名:")
```

```
password = input("请输入登录密码:")
if username == "admin" and password == "123456":
    print("登录成功!")
else:
    print("登录失败,请重新登录!")
```

【例2-3】判断一个数是否是水仙花数。所谓水仙花数是指 1 个三位的十进制数,其各个位上数字的立方和等于该数本身。例如,153 是水仙花数,因为 $153 = 1^3 + 5^3 + 3^3$。

分析:在案例 4 中计算出一个三位自然数各个位上的数字,本例其实就是在案例 4 的基础上进行条件判断,若满足各个位上数字的立方和等于该数本身,则判定这是一个水仙花数,否则不是水仙花数。

代码如下。

```
num = int(input("请输入一个三位数"))
a = num % 10          # 利用取余运算符求出个位上的值,赋值给变量 a
b = num // 10 % 10    # 利用整除和取余运算符求出十位上的值,赋值给变量 b
c = num // 100        # 利用整除运算符求出百位上的值,赋值给变量 c
if num == a ** 3 + b ** 3 + c ** 3:
    print("这是一个水仙花数")
else:
    print("这不是一个水仙花数")
```

2.2.2.3 Python 语言的编码规范

1. 标识符和关键字

标识符是开发人员在编程时自定义的一些符号和名称,用于给变量、常量、函数、语句块、类等命名。标识符由字母、数字和下画线组成,且长度不限。标识符的命名必须遵循一定的命名规则,具体如下。

1)标识符由字母、数字和下画线组成,且不能以数字开头。

2)Python 中的标识符是大小写敏感的。例如,Num 和 num 是不同的标识符。

3)Python 中的关键字是不能作为标识符的,否则会引起语法错误(SyntaxError 异常)。

每种语言都有相应的关键字,Python 也不例外,那什么是关键字呢? Python 中一些具有特殊功能的标识符就是关键字,如前面讲过的 print、input、help 等。

注意:方法名、函数名、普通变量名在命名时,一般采用全部小写字母,并且以下画线分隔单词的形式命名,如 max_num、num_1。

2. 和运算符相关的编码规范

1)在二元运算符两边各空一个空格。

2)左括号之后,右括号之前,不要加多余的空格。

例如:

```
#规范的写法
i = i + 1
x = 2 * x + 5
c = (a + b) * (a - b)
```

```
#不推荐的写法
i = i+1
x = 2 * x+5
c = (a+b) * (a−b)
```

2.2.3 案例实现

基本思路：通过 input( )函数让用户从控制台输入要判断的年份，并将年份强制转化成整型数值，然后进行条件判断。条件 1 是不能被 100 整除，且能被 4 整除；条件 2 是能被 400 整除。条件 1 和条件 2 满足其一就为闰年，因此条件 1 和条件 2 之间使用 or 逻辑运算符来连接，而条件 1 的内部是且的关系，使用 and 逻辑运算符连接。同时，判断能否整除需要用取余运算符和比较运算符，将组合好的条件表达式放在 if 语句中即可。

代码如下。

```
year = int(input("请输入要判断的年份:"))
if (year % 100 ! = 0 and year % 4 = = 0) or (year % 400 = = 0):
    print("%d 是闰年" % year)
else:
    print("%d 这个年份不是闰年" % year)
```

注意：在编写复杂表达式时，可使用圆括号来明确其中的优先级和逻辑以提高代码的可读性。

小结

1. Python 中的变量用来存储数据，其类型和值在赋值的那一刻被初始化。

2. Python 中的数据类型可以分为数字型和非数字型。数字型主要包括整型、浮点型、布尔型和复数型，非数字型主要包括字符串、列表、元组和字典。

3. Python 中有很多常用的内置函数，如 print( )函数、input( )函数、help( )函数、type( )函数等。内置函数在使用时可直接调用，无须导入。

4. Python 有很多语法规范，在实际编程中要注意编码规范。

习题

一、填空题

1. 在 Python 中，=是_____运算符，而 = =是_____运算符。

2. 在 Python 中，int、float、complex 表示的数据类型分别为 _____、_____、_____。

3. 在 Python 中，用于表示逻辑与、逻辑或、逻辑非的运算符分别是 _____、_____、_____。

4. 在 Python 中，type( )函数是用来查看变量的_____，查看变量内存地址的内置函数是_____。

5. 已知 x = 3，那么执行语句 x *= 6 之后，x 的值为＿＿＿＿＿＿＿。

6. 表达式 1 < 2 < 3 的值为＿＿＿＿＿＿＿，表达式 3 or 5 的值为＿＿＿＿＿＿＿，表达式 3 and 5 的值为＿＿＿＿＿＿＿，表达式 3 and not 5 的值为＿＿＿＿＿＿＿。

7. 表达式 3 * 2 的值为＿＿＿＿＿＿＿，表达式 3 ** 2 的值为＿＿＿＿＿＿＿。

二、选择题

1. 下列运算符中，表示整除的是（　　　　）。

　　A. ** 　　　　　　B. // 　　　　　　C. % 　　　　　　D. ==

2. 关于 Python 中的内存管理，下列说法错误的是（　　　　）。

　　A. 变量不必事先声明 　　　　B. 变量无须先创建和赋值而直接使用

　　C. 变量无须指定类型 　　　　D. 可以使用 del 释放资源

3. 现有代码 x = ("a")，在 Python 3 解释器中查看 type(x) 得到的结果为（　　　　）。

　　A. <class" str" > 　　　　　　　　B. <class "tuple" >

　　C.（class" str" ） 　　　　　　　　D.（class " tuple" ）

4. 执行表达式 x = y = 1 之后，变量 x 的值为（　　　　）。

　　A. 0 　　　　　　B. 1 　　　　　　C. 表达式错误 　　　D. Undefined

5.（多选题）以 3 为实部 4 为虚部，Python 复数的表达形式为（　　　　）。

　　A. 3+4j 　　　　B. 3+4J 　　　　C. 3i+4j 　　　　D. 3I+4J

6. 以下选项中，正确的是（　　　　）。

　　A. 表达式 24<=28<25 是不合法的

　　B. 表达式 24<=28<25 是合法的，且输出为 True

　　C. 表达式 35<=45<75 是合法的，且输出为 False

　　D. 表达式 24<=28<25 是合法的，且输出为 False

7. 下列选项中，不是 Python 合法标识符的是（　　　　）。

　　A. int32 　　　　B. if 　　　　C. abc 　　　　　　D. __name__

课后实训

1. 编写程序，使用 print( ) 函数输出王小明同学的个人信息。

姓名：王小明，年龄：18 岁，性别：男，身高：1.75 米，体重：70 千克。

2. 小明去超市买苹果，苹果的单价是 5.5 元/千克，小明要买 5.5 千克，编程计算小明需要支付的金额。

3. 小明去超市买苹果，苹果的单价是 5.5 元/千克，小明要买 5.5 千克，现在超市搞活动，满 20 减 3 元，编程计算小明需要支付的金额。

4. 小明去超市买苹果，苹果的单价是 5.5 元/千克，小明挑选了一些苹果，收银员称重后计算总金额，编程计算小明需要支付的金额。

5. 编写程序，输入三个数字，返回中间大的数字，如果有数字相等须输出谁等于谁。

6. 编写程序，通过用户输入两个数字，计算这两个数字的和。

7. 编写程序，通过用户输入圆的半径，计算圆的周长和面积。

8. 编写程序，将用户输入的两个变量进行相互交换。要求使用两种方法来实现。

第3章 流程控制语句

Python 程序执行语句时默认是按照从上到下的顺序依次执行的，这样的流程被称为顺序结构。但是，程序中仅有顺序结构是不够的，因为有时候需要根据特定的条件有选择性地执行某些语句，这时就需要一种具有选择功能的语句。另外，有时候还需要在给定的条件下反复执行某些语句，这样的流程称为循环结构。Python 的流程控制结构可以分为三类，即顺序结构、选择结构和循环结构。前面学习了 Python 的变量、数据类型和其他基础语法，再加上这三种基本的选择结构，就可以编写复杂的 Python 程序了。

通过本章的学习，将实现下列目标。

- 掌握单分支结构、双分支结构及三目运算符的使用。
- 掌握多分支结构、分支嵌套的使用。
- 掌握 while 循环语句、for 循环语句在实际编程中的使用。
- 掌握 break、continue、else 语句在程序中的作用。
- 掌握模块的导入、随机数函数在实际编程中的使用。
- 掌握循环嵌套、穷举法在实际编程中的使用。
- 具备多角度思考和分析问题，并能采用多种方法解决同一问题的能力。

3.1 案例6：三个数中找最大

3.1.1 案例描述

从键盘输入三个数字，判断三个数字中的最大值。

分析：通过前面所学知识，可使用 input() 函数实现用户输入的功能，并利用强制类型转换将用户输入的三个数字转为 float 型。接下来要找出三个数字中的最大值，将如何实现呢？在实际生活中，如果要找出三位同学中哪一位最高，可比一比并筛选出最高的。而 Python 程序则需要借助选择结构设置不同的条件判断来控制程序的走向，不断进行判断，最后将最大值找出，并输出结果。选择结构就是本节要学习的重点内容。

3.1.2 相关知识

3.1.2.1 简单选择结构：单分支结构和双分支结构

选择结构是程序根据条件判断结果而选择不同执行路径的一种方式。简单选择语句包括单分支结构和双分支结构。这两种结构的流程图如图 3-1 和图 3-2 所示。

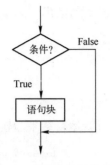

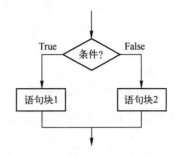

图 3-1　单分支结构流程图　　　　图 3-2　双分支结构流程图

1. 单分支结构

大家都听过一首节奏欢快的歌曲《幸福拍手歌》，歌词如下。

> 如果感到幸福你就拍拍手
> 如果感到幸福你就拍拍手
> 如果感到幸福就快快拍手哟
> 快来大家都一起拍拍手
>
> 如果感到幸福你就跺跺脚
> 如果感到幸福你就跺跺脚
> 如果感到幸福就快快跺脚哟
> 快来大家都一起跺跺脚

随着歌曲欢快的节奏大家可以动起来，如果感到幸福，就可以做如下动作：拍拍手和跺跺脚。那么怎么将这首欢快的歌曲转换成 Python 语言呢？在 Python 语言中满足一定的条件后执行的动作可以用单分支结构来表示。

单分支结构的语法格式如下。

if 判断条件：
　　语句块

学习了单分支结构后,《幸福拍手歌》转化成 Python 语言就可以写成：

> if 感到幸福 == True：
> 　　拍拍手
> 　　大家一起拍拍手
> 　　跺跺脚
> 　　大家一起跺跺脚

注意：判断条件就是计算结果必须为布尔值的表达式，其可以用包含>（大于）、<（小于）、==（等于）、>=（大于等于）、<=（小于等于）等运算符的表达式来表示，若判断条件的结果为 True，则执行 if 后面缩进的语句块。同时要注意，判断条件中不能含有赋值操作符 "="，且后面的冒号一定不能少，否则会出现语法错误。

下面再来看一个单分支结构的具体例子，通过判断年龄是否满足条件决定是否可以进入网吧。

【例 3-1】 未成年人禁止进入网吧，如果年龄小于 18 岁，则输出"未成年人禁止进入网吧。"。

```
age = 16
if age < 18：
    print("未成年人禁止进入网吧。")
```

年龄为 16 时，条件判断表达式 age<18 的值为真（True），运行结果为输出"未成年人禁止进入网吧。"。

2. 双分支结构

双分支结构就是有两个选择分支的结构，当程序执行到 if…else…语句时，一定会执行 if 后或 else 后的一个语句块，而且只执行两者中的一个。

双分支结构的语法格式如下。

if 判断条件：
  语句块 1
else：
  语句块 2

【例 3-2】 未成年人禁止进入网吧，如果年龄小于 18 岁，则输出"未成年人禁止进入网吧。"，否则输出"欢迎来到虚拟的互联网世界!"。

分析：年龄有两种情况，要么小于 18 岁，要么大于等于 18 岁，因此可以使用一个双分支结构来编写该程序。

代码如下。

```
age = 20
if age < 18：
    print("未成年人禁止进入网吧。")
else：
    print("欢迎来到虚拟的互联网世界!")
```

年龄为 20 时，通过运算 if 后的判断条件，程序会执行 else 后的语句块，输出"欢迎来到虚拟的互联网世界!"。

双分支结构也可写成三目运算符形式，语法格式如下。

表达式 1 if 判断条件 else 表达式 2

注意：
1）当判断条件为真时，执行表达式 1；当判断条件为假时，执行表达式 2。
2）三目运算符只支持表达式的使用而不支持语句的使用。
3）注意三目运算符形式中没有冒号。

【例 3-3】 比较两个值 x、y 的大小，将较大的值找出来并赋值给 a。

分析：从两个值中找出较大的值，可直接进行条件判断，将较大的值赋值给变量 a。

程序可以使用双分支结构 if…else…写成如下形式。

```
if x > y：
```

```
        a = x
    else：
        a = y
```

也可将上述语句简化如下。

```
    a = x if x > y else y
```

在三目运算符形式中，若x>y为真，则 x 为两个值中的较大者，将 x 赋值给 a；否则，将 y 赋值给 a。本例中三目运算符语句和双分支结构语句一样，都实现了取两个数中的较大值，且代码量少，更加简单。

3.1.2.2　复杂选择结构：多分支结构和分支嵌套

1. 多分支结构

多分支结构是解决复杂问题的重要手段之一，和 C、C++、Java 语言不同，在 Python 中是没有 switch…case…多分支结构的，可以使用 if…elif…else…来代替 switch…case…结构。多分支结构的流程图如图 3-3 所示。

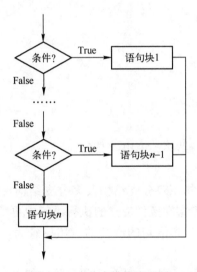

图 3-3　多分支结构流程图

多分支结构的语法格式如下。

```
if 判断条件 1：
    语句块 1
elif 判断条件 2：
    语句块 2
elif 判断条件 3：
    语句块 3
...
else：
    语句块 n
```

注意：

1）一个 if 只能有一个 else 语句，但是可以拥有多个 elif 语句。

2）多分支结构的几个分支之间是有逻辑关系的，不能随意颠倒顺序。

【例3-4】利用多分支结构判断成绩的等级：当成绩大于等于 90 分时，等级为优秀；当成绩大于等于 80 分小于 90 分时，等级为良好；当成绩大于等于 70 分小于 80 分时，等级为中等；当成绩大于等于 60 分小于 70 分时，等级为及格；当成绩低于 60 分时，等级为不及格。

分析：当判断条件中有多个值时，可以使用多个 if...elif...else...多分支结构来进行编程，套用多分支结构的语法格式即可。

代码如下。

```
score = int(input("请输入您的分数"))
if score >= 90:
    print("优秀")
elif score >= 80:
    print("良好")
elif score >= 70:
    print("中等")
elif score >= 60:
    print("及格")
else:
    print("不及格")
```

当输入分数为 85 时，运行结果为输出"良好"。

2. 分支嵌套

前面详细介绍了单分支结构、双分支结构及多分支结构，即 if、if...else...和 if...elif...else...。在编写程序时，如果希望在条件成立的执行语句中再增加判断条件，就可以根据需要将这 3 种选择结构相互嵌套。if 语句的嵌套的应用场景为：在之前判断条件满足的前提下，再增加额外的判断条件。

在最简单的 if 语句中嵌套 if...else...语句，语法格式如下。

```
if 判断条件 1:
    if 判断条件 2:
        语句块
    else:
        语句块
```

在 if...else...语句中嵌套 if...else...语句，语法格式如下。

```
if 判断条件 1:
    语句块
    if 判断条件 2:
        语句块
    else:
```

　　　　　语句块
　　else：
　　　　　语句块

　　注意：if 语句嵌套的层数不要太多，最多不超过 5 层。在相互嵌套时，一定要严格遵守不同级别代码块的缩进规范。

　　例 3-4 中将学生的成绩转化为不同的等级，当输入的数值不合法，即不在 0~100 之间时，程序没办法判断等级或者给出错误的判断，这时，可以利用 if 嵌套重新编写该程序。

　　【例 3-5】利用多分支结构判断成绩的等级：当成绩大于等于 90 分时，等级为优秀；当成绩大于等于 80 分小于 90 分时，等级为良好；当成绩大于等于 70 分小于 80 分时，等级为中等；当成绩大于等于 60 分小于 70 分时，等级为及格；当成绩低于 60 分时，等级为不及格。要求用户输入的成绩介于 0~100 之间，当用户输入了不合法的数值时，提示输出"请输入 0-100 之间的分数"。

　　分析：相比例 3-4，本例需要在之前条件满足的前提下，再增加额外的判断，可使用 if 嵌套，将 if…else…和 if…elif…else…嵌套在一起，当输入的数值合法时再执行多分支语句。

　　代码如下。

```
score = int(input("请输入您的分数"))
if score > 100 or score < 0：
    print("请输入 0-100 之间的分数")
else：
    if score >= 90：
        print("优秀")
    elif score >= 80：
        print("良好")
    elif score >= 70：
        print("中等")
    elif score >= 60：
        print("及格")
    else：
        print("不及格")
```

　　当输入分数为 85 时，运行结果为输出"良好"。当输入分数为 120 时，运行结果为输出"请输入 0-100 之间的分数"。

3.1.3　案例实现

　　从键盘输入三个数字，判断三个数字中的最大值。本案例的解法较多，读者可以开拓思路，使用多种方法实现，不断提高自己的编程能力和思考能力。本案例可通过穷举各种大小关系，将最大的值找出来；也可假定三个数字中的 num1 最大，将其赋值给 max_num，然后将其与剩下的两个值进行逐一比较来实现；也可使用内置的 max( ) 函数来实现；还可使用三目运算符来实现。最后两种方法的代码量最少，也更简单。

　　方法一基本思路：通过 input( ) 函数让用户输入三个数字，并将其转化成 float 型数值，接着通过穷举各种大小关系找到最大值。此案例判断条件为多个，可以使用 if...elif...else...多分支结构来进行编程。首先用 num1 与 num2、num3 比较，若 num1 既大于 num2 又大于 num3，则 num1 为最大值；若 num2 既大于 num1 又大于 num3，则 num2 为最大值；若都不成立，则 num3 为最大值，最后将结果输出。

代码如下。

```python
num1 = float(input('Please enter the first number：'))
num2 = float(input('Please enter the second number:'))
num3 = float(input('Please enter the third number:'))
if num1 < num3 and num2 < num3：
    max_num = num3
elif num1 < num2 and num3 < num2：
    max_num = num2
else：
    max_num = num1
print('the max_num is:%f'%max_num)
```

方法二基本思路：前面讲过使用三目运算符取两个数中的较大值，同样地，取三个数中的最大值也可以用三目运算符进行编写。

代码如下。

```python
num1 = float(input('Please enter the first number：'))
num2 = float(input('Please enter the second number:'))
num3 = float(input('Please enter the third number:'))
max_num = (num1 if num1 > num2 else num2) if (num1 if num1 > num2 else num2) > num3 else num3
print('the max_num is:%f'%max_num)
```

方法三基本思路：首先假定三个数字中 num1 最大，将其赋值给 max_num，然后将 max_num 逐一与剩下的两个数字进行比较，如果假定的最大值 max_num 比 num2 小，则将 num2 重新赋值给 max_num，此时找出的是 num1 和 num2 中的较大值，将其与 num3 进行比较，若 num3 较大，则将 num3 赋值给 max_num，最后将结果输出。

代码如下。

```python
num1 = float(input('Please enter the first number：'))
num2 = float(input('Please enter the second number:'))
num3 = float(input('Please enter the third number:'))
max_num = num1     # 先假设 num1 最大
if max_num < num2：
    max_num = num2
if max_num < num3：
    max_num = num3
print('the max_num is:%f'%max_num)
```

方法四基本思路：这种方法充分利用了 Python 中的内置 max()函数。max()函数的功能为，取传入的多个参数中的最大值，此种方法最为简单和方便，极大地减少了代码量。

代码如下。

```
num1 = float(input('Please enter the first number：'))
num2 = float(input('Please enter the second number：'))
num3 = float(input('Please enter the third number：'))
max_num = max(num1,num2,num3)
print('the max_num is:%f'%max_num)
```

求三个数字中的最大值，上面给出了四种编程方法，读者也可以展开头脑风暴想出更多其他的方法，并思考如果是求 n 个数字中的最大值将如何编程。除了可以使用 Python 中的 max()内置函数，也可以参考三个数中取最大值的编程思路，不妨增加一个变量 max_num，假设其最大，并初始化为第一个值，剩下的每个数依次和最大值 max_num 比较，如果当前正在比较的值比 max_num 大，就修改 max_num 的值。

3.2 案例 7：求 100 以内所有奇数的和

3.2.1 案例描述

求 100 以内所有奇数的和，即 1+3+5+…+99。

分析：100 以内所有的奇数为 1、3、5……直到 99，求和很容易想到将这 50 个数一个一个加起来，反复执行相加的操作直到 99，但需要加 49 次，非常麻烦。这时，需要一个循环结构完成在给定的条件下反复执行某些语句。对于本案例来说，就是判断出 1~100 以内的奇数，并相加。循环语句就是本节要学习的重点知识。

3.2.2 相关知识

3.2.2.1 while 循环语句

和 C 语言不同，Python 中没有 do…while…语句，Python 中 while 语句的语法格式如下。

> while 判断条件：
>   语句块

while 循环语句中的判断条件可以是任何表达式，结果为真（True）或假（False），任何非零或非空（null）的值均为 True。语句块可以是单条语句或多条语句。首先判断条件是否为真，再往下执行，只要给定条件为真（True），while 循环语句将重复执行这条语句，直到判断条件为假（False）时，循环结束。当条件为永真时，while 循环语句为无限循环。

【例 3-6】输出 5 遍"Hello，Python!"。

分析：输出 5 遍"Hello，Python!"，可以用 5 个 print()函数来实现，在学习了 while 循环语句后，可以使用该循环语句来实现。

方法一：首先定义一个计数器 i 并赋值为 1，while 的判断条件为 i<=5，当条件满足时执行输出语句，并将计数器 i 执行加 1 操作，直至 i>5，循环结束。

代码如下。

```
i = 1                       # 定义计数器
while i <= 5:
    print("Hello,Python!")  # 要重复执行的代码
    i = i + 1               # 计数器加 1
```

方法二：方法二和方法一的不同在于 while 后的条件不同，方法二设置循环条件为 True，即该循环为无限循环，本例要求输出 5 遍，因此还需要加入一个 if 判断语句和 break 语句，当计数器为 6 时，不再输出，跳出循环。

代码如下。

```
i = 1                       # 定义计数器
while True:                 # 设置条件为永真
    print("Hello,Python!")
    i = i + 1               # 计数器加 1
    if  i == 6:
        break               # 当计数器为 6 时,跳出循环
```

注意：在方法一中，计数器加 1 的语句是在 while 循环体内，要注意代码的缩进格式，如果将其写在循环体外，会导致循环持续执行，无限循环。当出现无限循环时，可以按〈Ctrl+C〉快捷键中断循环。

3.2.2.2　for 循环语句

5 for 循环语句

Python 中另一个循环结构语句就是 for 循环语句。和 Java、C++等语言中的 for 循环语句不同，Python 中的 for 循环语句可以遍历如列表、元组、字符串等序列成员（列表、元组、字符串也称为序列）。

for 循环语句的语法格式如下。

for 循环变量 in 序列：
　　语句块

在 for 循环中，循环变量遍历序列中的每一个值时，循环体中的语句块就执行一次，直到遍历完整个序列。

考虑到数值范围经常变化，Python 提供了一个内置 range() 函数，它可以生成一个数字序列。

range() 函数的语法格式如下。

range([start,]end[,step])

参数说明：

- start 为计数从 start 开始，缺省时默认从 0 开始。例如，range(5)等价于 range(0,5)。
- end 为计数到 end 结束，但不包括 end。例如，range(0,5)是指 0,1,2,3,4 数字序列，

不包含5。

- step 为步长，缺省时默认为1。例如，range(0,5)等价于range(0,5,1)

其中，参数 step 也可为负数，当 step 参数为负数时，start 的值大于 end 的值，range()函数生成一个从大到小的数字序列。例如，range(5,1,-1)是指5,4,3,2数字序列。

注意：

1）range()函数生成的是一个左闭右开的等差数字序列。

2）range()函数接收的参数必须是整数，可以是负数，但不能是浮点数等其他类型。

3）range()函数是不可变的序列类型，可以进行判断元素、查找元素、切片等操作，但不能修改元素。

4）range()函数生成的是可迭代对象，但不是迭代器。

【例3-7】 输出5遍"Hello，Python!"。

分析：输出5遍"Hello，Python!"，也可以用 for 循环语句和 range()函数来编写且更加简单。序列设置为 range(5)、range(0,5)、range(0,5,1)都可以，循环变量 i 遍历序列中的每一个值时，循环语句就输出一次，输出5遍后退出循环。

```
for i in range(5):    # range(0,5),range(0,5,1)均可
    print("Hello,Python!")
```

3.2.2.3 break 语句、continue 语句、else 语句及 pass 空语句

Python 中有两个辅助控制程序循环的语句：break 语句和 continue 语句。

1. break 语句

break 语句用来终止整个循环，当循环条件没有满足 False 条件或者序列还没被完全递归完，也会停止执行循环语句。

例如：

```
for i in range(5):
    if i == 3:
        break
    print("Hello,Python!")
```

程序的运行结果为输出3次"Hello，Python!"，也就是说，在循环变量等于3的时候，break 语句会终止整个循环，不再执行输出操作。

2. continue 语句

continue 语句用来跳过当前循环的剩余语句，然后继续进行下一轮循环。

例如：

```
for i in range(5):
    if i == 3:
        continue
    print("Hello,Python!")
```

程序的运行结果为输出4次"Hello，Python!"，即程序仅在循环变量等于3的时候，跳过当前循环，紧接着执行下一次的循环。

在一些情况下很容易将 break 语句与 continue 语句弄混淆，因为 break 语句与 continue 语句都有结束循环的作用。需要注意的是，break 语句是结束整个循环，不再判断执行循环的条件是否成立；continue 语句则只结束本次循环，而不是终止整个循环语句的执行，在实际的编程中要注意两个语句的区别。

3. else 语句

while 循环语句和 for 循环语句中都可以有 else 子句，语法格式分别如下。

> **while 判断条件：**
> 　　语句块 1
> **else：**
> 　　语句块 2
>
> **for 循环变量 in 序列：**
> 　　语句块 1
> **else：**
> 　　语句块 2

循环正常结束时才执行 else 分支中的语句。

【例 3-8】判断一个整数是否为素数。

代码如下。

```
n = int(input("请输入一个整数:"))
for i in range(2,int(n ** 0.5)+1):
    if n % i == 0:
        break
else:
    print("%d 为素数"%n)
```

如果正常结束循环，说明 n 不能被 $[2,\sqrt{n}]$ 中的任何一个整数整除，所以为素数。

4. pass 空语句

pass 为空语句，它不做任何事情，只是为了保持程序结构的完整性，只起到占位的作用。

例如：

```
for i in range(5):
    pass
```

以上代码没有任何输出，pass 语句只起到占位的作用。

3.2.3　案例实现

求 100 以内所有奇数的和，本案例的解法也较多。在学习了循环结构之后，可使用 while 循环语句和 for 循环语句分别编程，同时，也可使用 Python 内置的 sum( )求和函数、等差数列求和公式来实现。

方法一基本思路：本案例可以通过 while 循环语句实现。首先设置变量 sum = 0（表示和），i＝1（表示当前数字，从1开始即可），步长设为2，通过 while 循环累加，最后输出结果。

代码如下。

```
i = 1
sum = 0
while i <= 100：
    sum += i
    i += 2
print(sum)
```

方法二基本思路：本案例也可以通过 for 循环语句实现。只要善于思考，使用 for 循环语句编写也有很多种方法，可以在 for 循环中加入 if 条件判断，也可直接利用 range( ) 函数。

若利用 range( ) 函数，首先设置变量 sum＝0（表示和），range(1,101,2) 函数从1开始直到 101（左闭右开，不包含 101），也可从大到小生成奇数序列将 range( ) 函数写成 range(99,0,-2)，此时要注意结束位 end 参数为 0，步长 step 为-2。

若在 for 循环中加入 if 条件判断，满足条件除以 2 后的余数为 1，将 1~100 以内的所有奇数筛选出来，并相加。

代码如下。

```
sum = 0
for i in range(1,101,2)：         # 也可写成 range(99,0,-2)
    sum += i
print(sum)
```

或者

```
sum = 0
for i in range(0,100)：
    if i % 2 == 1：              # 也可写成 i//2!=0
        sum += i
print(sum)
```

方法三基本思路：本案例也可以使用内置的 sum( ) 函数来实现，函数的参数为 1~100 的奇数序列。

代码如下。

```
print(sum(range(1,101,2)))
```

方法四基本思路：本案例也可以通过等差数列求和公式来实现，而且一行代码就可实现更加简单。

代码如下。

```
print(sum = (1+99) * 50//2)    # 也可写成 print(sum = (1+99) * 50/2)，求出的结果是浮点型
                                 的 2500.0
```

3.3 案例8：猜数游戏

3.3.1 案例描述

首先计算机随机生成一个0~100之间的正整数，玩家通过键盘输入猜测的值，一共有10次机会进行猜测，猜大猜小均给出提示。如果猜大了，给出提示"猜大了，继续努力哦！"；如果猜小了，给出提示"猜小了，继续努力哦！"；如果猜对了，给出提示"Bingo！猜对了，恭喜闯关成功"。10次机会用完后提示"你的次数用尽，Game Over！"并给出正确答案。

分析：将猜数字游戏分解如下。

第一步，计算机随机生成一个0~100的正整数。

第二步，玩家通过键盘输入猜测的值，猜大猜小均给出提示。

第三步，玩家一共有10次机会进行猜测，10次机会用完后给出提示并给出正确答案。

把问题进行分解后，发现第一步还是无从下手，那不妨跳过第一步继续往下看。要完成第二步，根据玩家输入猜测的值，判断猜测的结果是猜大了还是猜小了，这里只须用if…elif…else…多分支语句进行编程即可。第三步玩家一共有10次机会，此处可采用循环语句来控制机会的次数。接下来，要解决的关键问题就是第一步，如何让计算机生成一个0~100之间的随机数呢？要解决这个问题，就要用到本节将要学习的模块和用于生成随机数的函数。

3.3.2 相关知识

3.3.2.1 模块导入

在Python中有一个概念叫作模块（Module），模块指Python源文件，其中定义了若干函数或类。要想使用模块中的对象，就需要导入这个模块。例如，例2-4中求直角三角形的斜边c时使用了sqrt()函数，在Python中要调用sqrt()函数，就必须用import关键字导入math模块，下面就来学习Python中的模块。

在Python中使用import关键字来导入某个模块，语法格式如下。

> import 模块名

使用import关键字导入模块，在调用模块中的函数时引用格式如下。

> 模块名.函数名

当模块名比较长时也可为模块名重新命名，语法格式如下。

> import 模块名 as 重新命名

使用import关键字可以将整个模块导入进来，from…import…则是导入一个指定的对象（可以是某个函数、全局变量或类）到当前的命名空间中。语法格式如下。

> from 模块名 import 对象名
> from 模块名 import *

"from 模块名 import ＊"这种形式表示导入模块的全部属性。

在使用 from...import...导入指定的对象后，在调用函数时，前面无须再加模块名称，直接调用即可。

注意：

1）同一个模块不论执行了多少次 import 导入语句，只会被导入一次。

2）import 导入语句一般应放在代码的顶端。

3）在导入模块后调用函数时，要注意 import...和 from...import...的区别。

【例 3-9】导入时间模块，输出时间戳。

```
>>> import time
>>> print(time.localtime())
time.struct_time(tm_year=2020, tm_mon=2, tm_mday=5, tm_hour=15, tm_min=34, tm_sec=58, tm_wday=2, tm_yday=36, tm_isdst=0)
```

也可使用 from...import...形式，只导入 time 模块中的某一个函数，在调用该函数时，无须再加模块名称，直接调用即可。

```
>>> from time import localtime
>>> print(localtime())
time.struct_time(tm_year=2020, tm_mon=2, tm_mday=5, tm_hour=15, tm_min=35, tm_sec=43, tm_wday=2, tm_yday=36, tm_isdst=0)
```

3.3.2.2　用于生成随机数的相关函数

Python 中的 random 模块可以提供随机函数，能够生成随机元素或者表数据，在实际编程中有着广泛的应用。下面就来介绍一下 random 模块中几个常用的函数。

1. random.random()

该函数用于生成 [0, 1) 之间的随机浮点数。

例如：

```
>>> import random
>>> print(random.random())
0.05201737495964753
```

2. random.uniform(a,b)

该函数用于生成 [a, b] 或 [a, b)（根据四舍五入的结果确定）的随机浮点数，其中 a 与 b 的位置顺序可以自由放置，无论谁在前都可以。

例如：

```
>>> import random
>>> print(random.uniform(5,1))
2.876343725973887
```

3. random.randint(a,b)

该函数用于生成 [a, b] 之间的随机整数，a 必须小于 b，位置要准确。

例如：

```
>>> import random
>>> print(random.randint(1,5))
2
```

4. random. randrange(a,b,c)

该函数用于生成 a~b 之间步长为 c 的随机整数，a 必须小于 b，位置要准确。
例如：

```
>>> import random
>>> print(random.randrange(1,8,2))
7
```

运行结果为 7，也就是在 1、1+2、1+2+2、1+2+2+2 中，即 1、3、5、7 中随机输出一个整数。

3.2.3 案例实现

基本思路：首先计算机生成一个 0~100 之间的随机整数，这里需要用到 random 模块中的 randint() 函数，注意在使用该函数之前需要先导入 random 模块。玩家有 10 次猜测的机会，因此需要使用 for 循环语句来控制剩余机会的次数，猜测一次，剩余机会的次数减少 1，玩家开始猜测并进行条件判断，若猜测值大于或小于计算机产生的随机数均给出错误提示，直至次数用尽。当玩家在 10 次机会用尽前猜对时，使用 break 语句提前结束循环，提示闯关成功并显示正确答案。

代码如下。

```
import random
random_value = random.randint(0, 100)
for i in range(10):
    print_value = int(input("请输入你要猜测的数字:"))
    if print_value > random_value:
        print("猜大了,继续努力哦!")
    elif print_value < random_value:
        print("猜小了,继续努力哦!")
    else:
        print("Bingo! 猜对了,恭喜闯关成功")
        break
else:
    print("你的次数用尽! Game Over! 正确答案为:%d"% random_value)
```

3.4 案例 9：百钱百鸡

3.4.1 案例描述

现有 100 钱，公鸡 5 文钱一只，母鸡 3 文钱一只，小鸡一文钱 3 只，要求公鸡、母鸡、小鸡都要有，把 100 文钱花完，买的鸡的数量正好是 100 只。求一共能买多少只公鸡，多少只母鸡，多少只小鸡。

分析：这是一道经典的数学问题，可以设公鸡为 x 只，母鸡为 y 只，小鸡为 z 只，那么可以得到如下的不定方程，$x+y+z=100$，$5x+3y+z/3=100$，本案例就可以转化为解不定方程组的问题，求出不定方程组所有可能的解即可。但是怎么通过 Python 编程实现呢？下面就来学习本节的重点内容循环嵌套和穷举法。

3.4.2　相关知识

6 循环嵌套

3.4.2.1　循环嵌套

所谓循环嵌套是指在一个循环体中嵌入另一个循环。循环嵌套既可以是 for 循环嵌套 while 循环，也可以是 while 循环嵌套 for 循环，即各种类型的循环都可以作为外层循环，也可以作为内层循环。

当程序遇到循环嵌套时，如果满足外层循环的判断条件，则开始执行外层循环的循环体，而内层循环将被当成外层循环的循环体来执行，然后再通过判断内层循环的判断条件进入内层循环。只有当内层循环执行结束时，才会通过判断外层循环的判断条件，决定是否执行外层循环的循环体。

while 循环嵌套语法格式如下。

while 判断条件 1：
　　while 判断条件 2：
　　　　内层循环循环体
　　外层循环循环体

for 循环嵌套语法格式如下。

for i in 序列：
　　for j in 序列：
　　　　内层循环循环体
　　外层循环循环体

注意： 循环嵌套可能有多层，但建议不要超过两层。

【例 3-10】 编程实现打印九九乘法表。

分析：本案例可通过循环嵌套实现。首先外层循环控制行数，内层循环控制列数，然后在内层循环中定义变量求积，最后按照 i＊j=d 的格式输出即可。

```python
for i in range(1,10):
    for j in range(1,i+1):
        d = i * j
        print('%d*%d=%-2d'%(i,j,d),end=' ')
    print()
```

本例使用了 for 循环嵌套来进行编程，读者也可尝试使用 while 循环嵌套完成九九乘法表的输出。

3.4.2.2 穷举法

穷举法又称列举法，其基本思想是逐一列举问题的所有情况，常用于解决"是否存在"和"有多少种可能"的问题。在应用穷举法时应注意，列举的情况既不能重复也不能遗漏。在 Python 编程中，穷举法常用循环结构来实现。

【例 3-11】鸡兔同笼问题。假设共有鸡、兔 30 只，脚 90 只，求鸡、兔各有多少只。

分析：一只鸡有两只脚，一只兔有四只脚，笼中鸡加兔的脚一共 90 只。设鸡有 x 只，则兔有 $30-x$ 只，可列出一元一次方程式 $2x+4(30-x)=90$，求出该一元一次方程的解即可。在 Python 中，如何通过穷举法来实现呢？鸡和兔的数量都不超过 30 只，鸡的数量从 1 循环到 30 只，并进行条件判断鸡加兔的总脚数是否为 90，将满足这个条件的所有情况通过穷举法筛选出来并输出。

代码如下。

```
for x in range(1,31):                    # 鸡的数量从 1 循环到 30 只
    if x * 2 + (30-x) * 4 == 90:          # 共有 90 只脚
        print("鸡有%d 只\t兔有%d 只\t"%(x,30-x))
```

3.4.3 案例实现

基本思路：本案例的实现采用穷举法，使用循环嵌套来进行编程。设公鸡的数量为 cock，母鸡的数量为 hen，则小鸡的数量为 100-cock-hen，公鸡、母鸡的数量都不会超过 100 只，因此设置两层循环。第一层循环中公鸡的数量从 1 循环到 100，第二层循环中母鸡的数量从 1 循环到 100。然后判断公鸡、母鸡、小鸡花费的钱数总和是否满足为 100 钱，将满足这个条件的所有情况通过穷举法筛选出来并输出。

代码如下。

```
for cock in range(1,101):                         # 公鸡的数量从 1 到 100
    for hen in range(1,101):                       # 母鸡的数量从 1 到 100
        if cock * 5 + hen * 3 + (100-cock-hen)/3 == 100:  # 总钱数是 100 钱
            print("公鸡有%d 只\t母鸡有%d 只\t小鸡有%d 只"%(cock,hen,100-cock-hen))
```

运行结果如下。

```
公鸡有 4 只   母鸡有 18 只   小鸡有 78 只
公鸡有 8 只   母鸡有 11 只   小鸡有 81 只
公鸡有 12 只   母鸡有 4 只   小鸡有 84 只
```

希望读者在本解法的基础上，开拓思路，思考是否还能使用其他方法来编程实现。

小结

1. 程序中具有选择功能的语句称为选择语句，选择语句分为简单选择语句和复杂选择语句。

2. 简单选择语句包括单分支结构和双分支结构，复杂选择语句包括多分支结构和分支

嵌套。

3. 程序中在给定的条件下反复执行某些语句称为循环语句。Python 中常用的循环有 while 循环语句和 for 循环语句。在 for 循环语句中要注意 range( ) 函数的使用，以及其参数所代表的含义。

4. 用于结束循环的两个重要语句有 break 语句和 continue 语句，break 语句结束整个循环，continue 语句结束本次循环。

5. 在一个循环体中嵌入另一个循环的情况称为循环嵌套。在使用循环嵌套时要注意内层循环和外层循环在执行循环时的执行逻辑。

6. 穷举法又称列举法。穷举法常用于解决"是否存在"和"有多少种可能"的问题。在实际的编程中要注意循环嵌套和穷举法的结合。

7. 在 Python 中需要借助一些函数来完成程序的编写，此时需要在程序中导入模块。同时还要掌握 Python 中常用的随机数函数。

习题

一、填空题

1. range( ) 函数能生成一个数字序列，range(8) 的范围为_____，range(7,8) 的范围为_____，range(1,8,2) 的范围为_____，range(8,1,-2) 的范围为_____。

2. 表达式 sum(range(1, 8, 2)) 的值为_____。

3. Python 中的内置函数_____用来返回序列中的最大元素。

4. 在循环语句中，_____语句的作用是提前结束本层循环，_____语句的作用是结束当前循环，进入下一层循环。

5. 下述程序的执行结果为_____。

```
for i in range(3):
    print(i, end=',')
```

6. 已知 sum=0，下述程序的执行结果为_____。

```
for i in range(10):
    sum=sum+i
    i+=1
print(i)
```

二、选择题

1. 当知道条件为真，想要程序无限执行直到人为停止的话，可以使用下列哪个语句？（ ）

    A. for   B. break   C. while   D. if

2. 下列代码是求比 10 小且大于或等于 0 的偶数。M 处应填（   ）。

```
x=10
while x:
    x = x - 1
```

```
if x % 2 != 0:
    M
print(x)
```

A. break   B. continue   C. yield   D. flag

3. 执行下列代码后的输出结果和循环执行次数分别为（　　）。

```
i = 5
while i > 0:
    i -= 1
print(i)
```

A. 1　5   B. 0　5   C. 0　4   D. 1　4

4. 统计满足"性别（gender）为男，职称（rank）为副教授，年龄（age）小于 40 岁"条件的人数，正确的语句为（　　）。

A. if(gender=="男" or age<40 and rank=="副教授"):n+=1

B. if(gender=="男"and age<40 and rank=="副教授"):n+=1

C. if(gender=="男"and age<40 or rank=="副教授"):n+=1

D. if(gender=="男" or age<40 or rank=="副教授"):n+=1

课后实训

1. 用 for 循环语句输出以下图案。

```
* * * * * * *
 * * * * * *
  * * * * *
   * * * *
    * * *
     * *
      *
```

2. 用 for 循环语句输出以下图案。

```
      *
     * * *
    * * * * *
   * * * * * * *
  * * * * * * * * *
 * * * * * * * * * * *
* * * * * * * * * * * * *
* * * * * * * * * * * * * *
```

3. 编写程序，输出 100~200 之间能被 7 整除的所有整数。

4. 编写程序，输出 9 行内容，第 1 行输出 1，第 2 行输出 12，第 3 行输出 123……第 9

行输出 123456789。

5. 四个数字 1、2、3、4 能组成多少个互不相同且无重复数字的三位数？各是多少？请编程实现。

6. 一个球从 100 m 高度自由落下，每次落地后反弹回原高度的一半，再落下。编程求出它在第 n 次落地时，共经过多少米。

7. 编程计算 1−3+5−7+⋯−99+101。

要求：请用多种方法进行编程。

8. 编写程序，从键盘输入若干个数，输入字母 x 表示结束，找出这 n 个数中的最大值。

提示：创建一个变量 max_num，表示当前输入数中的最大值，将其初始化为输入的第一个数，每输入一个数，就和最大值 max_num 进行比较。如果当前输入的数比最大值 max_num 大，就修改最大值。

第4章 字符串与正则表达式

字符串是除了数值之外最常见的数据类型。对字符串进行搜索、替换和分割是编程中经常遇到的问题，解决这类问题除了使用字符串自身提供的方法外，最佳的解决方案是使用正则表达式。本章将介绍字符串的表示、字符串的常用方法、正则表达式的作用、正则表达式中常用的元字符，以及如何使用正则表达式解决字符串处理中常见的问题。

通过本章的学习，实现下列目标。

- 掌握字符串的含义及转义字符的使用。
- 掌握字符串格式化的两种方式。
- 掌握字符串的切片操作。
- 掌握字符串的基本操作。
- 了解正则表达式的作用。
- 掌握正则表达式中常用元字符的含义。
- 掌握 re 模块中常用函数的使用。
- 能够根据实际需求构造准确的正则表达式。

4.1 案例 10：从豆瓣读书的相关语句中提取作者等信息

4.1.1 案例描述

7 案例 10

豆瓣读书是豆瓣网的一个子栏目，豆瓣读书自 2005 年上线以来，已成为国内信息最全、用户数量最大且最为活跃的读书网站。豆瓣读书根据每本书读过的人数和该书所得的评价等综合数据，通过算法分析产生豆瓣读书 Top 250，其页面如图 4-1 所示。

豆瓣读书 Top 250 的网页采用 HTML 语言编写，如 "<p class="pl">[美]卡勒德·胡赛尼/李继宏/上海人民出版社/2006-5/29.00 元</p>"，该 HTML 语句描述了《追风筝的人》这本书的作者、译者、出版社、出版时间、价格信息。现要求编程实现从 "[美] 卡勒德·胡赛尼/李继宏/上海人民出版社/2006-5/29.00 元" 这样的一串字符中提取出该书的作者、译者、出版社、出版时间及价格（不含元字）信息。

分析：通过观察可以发现，这一串字符中的作者、译者、出版社、出版时间及价格信息都采用 "/" 进行分隔，案例要求分别将这些信息提取出来，可以将这一串字符以 "/" 为分隔符进行分割，然后提取相应位置的信息即可。同时还注意到案例要求提取的价格信息不含 "元" 字，此时可以将 "元" 字替换为空格后再提取价格信息。如何采用 Python 语言编程实现该案例呢？下面就来学习本节的重点内容——字符串以及对字符串的各种操作。

图 4-1　豆瓣读书 Top 250 页面

4.1.2　相关知识

4.1.2.1　字符串概述

1. 字符串的定义

字符串是由数字、字母、下画线、空格等组成的一串有序字符序列。它是 Python 语言中表示文本的数据类型。在使用中要注意，字符串一般是不可以修改的。

字符串通常用引号括起来，可以是单引号、双引号和三引号，其中三引号可以是三个单引号（'' ''）或三个双引号（""" """），引号必须是成对出现的。

单引号和双引号在输出结果上没有什么区别，例如：

>>> str1 = 'Hello,Python!'

>>>print(str1)

Hello,Python!

>>> str2 = "Hello,Python!"

>>>print(str2)

Hello,Python!

str1 和 str2 的输出结果是一样的。请读者思考一下，既然单引号和双引号的输出结果一样，为什么 Python 语言要使用这两种方法定义字符串呢？原因是单引号和双引号是互相补充的。如果原始字符串中包含单引号，可以使用双引号定义；如果原始字符串中包含双引号，可以使用单引号定义。在英文表达中有一些语法是缩写的，当字符串本身含有单引号时，可以用双引号来避免歧义，例如：

>>>str3 = "What's your name?"

如果使用单引号表示为'what's your name？'，程序就会报语法错误。

```
>>> str3 = 'what's your name? '
SyntaxError: invalid syntax
```

Python 解释器会认为'what'是一个字符串，后面的 s your name？'是一个错误的字符串。Python 支持单引号和双引号定义字符串也体现出 Python 语言在应用上的灵活性。如果非要使用单引号，可以使用转义字符，转义字符将在后文介绍。

当字符串中单引号和双引号都有时，如果要表示单引号或双引号，可以用转义字符，但那样很麻烦。此时，三引号就派上用场了，例如：

```
>>> str4 = '''It's "C",I have "A" and "B" .'''
>>> str4 = """It's "C",I have "A" and "B". """
```

注意：三引号可以用来定义字符串，但三引号的使用频率没有单引号和双引号那么高。在一些特定场合，如多行文档注释、定义多行字符串等情形下使用三引号效率更高。

例如，三引号用于 print( )函数的文档注释中。

```
def print(self, * args, sep=' ', end='\n', file=None): # known special case of print
    """
    print(value, ... , sep=' ', end='\n', file=sys. stdout, flush=False)

    Prints the values to a stream, or to sys. stdout by default.
    Optional keyword arguments:
    file: a file-like object (stream); defaults to the current sys. stdout.
    sep: string inserted between values, default a space.
    end: string appended after the last value, default a newline.
    flush: whether to forcibly flush the stream.
    """
```

2. 转义字符

计算机中的字符分可见字符与不可见字符。可见字符是指键盘上的字母、数字和符号等；不可见字符是指换行符、回车、制表符等字符。对于不可见字符，和 C 语言类似，Python 语言中使用反斜杠（\）作为转义字符。

那什么是转义字符呢？所谓转义，可以理解为"采用某些方式暂时取消该字符本来的含义"。这里的"某种方式"指的就是在指定字符前添加反斜杠"\"，以此来表示对该字符进行转义，告诉 Python 解释器"\"后面的这个字符不再当成普通字符处理。

例如：

```
>>> str3 = "What's your name?"
```

如果不使用双引号，而是使用单引号，则需要在单引号前面加上"\"将字符串内的特殊符号进行转义。

```
>>> str3 = 'What\'s your name? '
>>> print(str3)
What's your name?
```

如果不想使用反斜杠转义特殊字符，可以使用原始字符串，即在字符串前面加上字母 r 或 R 表示原始字符串，其中的所有字符都表示原始的含义而不会进行任何转义。例如：

```
>>> path = 'C:\Windows\notepad. exe'
>>> print(path)
C:\Windows
otepad. exe
>>> path = r'C:\Windows\notepad. exe'
>>> print(path)
C:\Windows\notepad. exe
```

字符串 path 不加原始字符串 r 或 R 时，\n 会被当成换行符进行换行操作，但是使用原始字符串后，其中的所有字符都会被原样输出。

Python 语言中常用的转义字符如表 4-1 所示。

表 4-1　转义字符

转 义 字 符	说　　明
\(S 在行尾时)	续行符
\\	反斜杠符号
\'	单引号
\"	双引号
\a	响铃
\b	退格（Backspace）
\e	转义
\000	空
\n	换行
\v	纵向制表符
\t	横向制表符
\r	回车
\f	换页
\oyy	八进制数 yy 代表的字符，如\o12 代表换行
\xyy	十六进制数 yy 代表的字符，如\x0a 代表换行
\other	其他的字符以普通格式输出

4.1.2.2　字符串格式化

在很多编程语言中都有格式化字符串的功能，如 C 语言中的格式化输入输出。Python 语言中的字符串格式化有两种方式:%格式符和字符串内置函数 format()。下面介绍这两种字符串格式化的方式。

1. %格式符

```
>>> print("Tom is a 10 years old boy. ")
>>> print("Tom is a 11 years old boy. ")
>>> print("Tom is a 12 years old boy. ")
```

Tom 的年龄是不断变化的，当 Tom 的年龄变化时，需要多次输出 print 语句。那么有没有一种方法可以简化程序呢？答案是肯定的，%格式符可以对各种类型的数据进行格式化输出。上述代码可以简化成：

```
>>> age = 10
>>> print("Tom is a %s years old boy." %age)
Tom is a 10 years old boy.
```

不用多次输出 print 语句，只须改变 age 的赋值即可，极大地简化了程序。上述代码中的 print() 函数包含三个部分，第一部分是"Tom is a %s years old boy."，即被格式化的字符串（相当于字符串模板）；第二部分为分隔符%；第三部分为 age，即变量或表达式。格式化字符串中的%s 相当于一个占位符，它会被第三部分的变量或表达式的值所代替。

注意事项如下。

1）%s 会将变量或表达式的值使用内置函数 str() 转换为字符串类型。

2）如果被格式化的字符串中包含多个%s 占位符，第三部分也要对应地提供多个变量，并用圆括号将这些变量括起来。

例如：

```
>>> name = "Tom"
>>> age = 10
>>> print("%s is a %s years old boy." % (name, age))
Tom is a 10 years old boy.
```

代码中被格式化的字符串"%s is a %s years old boy."中有两个占位符，相应地，第三部分就要提供两个变量值，并用圆括号括起来，表示为（name, age）。

如果只有%s 这一种形式，Python 语言的格式化功能也未免太单一了。实际上，Python 语言提供了如表 4-2 所示的格式化符号。

表 4-2　格式化符号

格式化符号	说　　明
%d, %i	转换为带符号的十进制形式的整数
%o	转换为带符号的八进制形式的整数
%x, %X	转换为带符号的十六进制形式的整数
%e, %E	转化为科学计数法表示的浮点数
%f, %F	转化为十进制形式的浮点数
%g	智能选择使用%f 或%e 格式
%G	智能选择使用%F 或%E 格式
%c	格式化字符及其 ASCII 码
%r	使用 repr() 函数将变量或表达式转换为字符串
%s	使用 str() 函数将变量或表达式转换为字符串

2. 字符串的 format( )方法

从 Python 2.6 开始，新增加了一种格式化字符串的方法 format( )，使 Python 的字符串格式化功能更加强大。format( )方法把字符串当成一个模板，通过传入的参数进行格式化，其基本语法是用｛｝代替以前的%。该方法会返回一个新字符串，在新字符串中，原字符串的指定字段将被格式化后的参数所替代。

使用 format( )方法主要有三种形式：｛｝中不带参数，｛｝中带位置参数，｛｝中带关键字参数。

（1）｛｝中不带参数的形式

当｛｝中不带参数时，则不设置指定位置，按默认顺序进行格式化。例如：

>>> "｛｝ is a ｛｝ years old boy. ". format("Tom" , "10")
'Tom is a 10 years old boy. '

注意：｛｝应与 format( )函数中参数一一对应，否则程序将会报错。

>>> "｛｝ is a ｛｝ years old boy. ｛｝likes playing football. ". format("Tom" , "10")
Traceback (most recent call last) :
  File "<pyshell#37>" , line 1, in <module>
    "｛｝ is a ｛｝ years old boy. ｛｝likes playing football. ". format("Tom" , "10")
IndexError：tuple index out of range

（2）｛｝中带位置参数的形式

当｛｝中带位置参数时，format( )方法会把参数按位置顺序填充到字符串中，其形式为"｛位置参数 1｝｛位置参数 2｝". format("str1" , "str2")，｛｝中的位置参数将被 format( )方法中指定位置的字符串所代替。例如：

>>> "｛0｝ is a ｛1｝ years old boy. ". format("Tom" , "10")
'Tom is a 10 years old boy. '
>>> "｛0｝ is a ｛1｝ years old boy. ｛0｝ likes playing football. ". format("Tom" , "10")
'Tom is a 10 years old boy. Tom likes playing football. '

注意：当｛｝中带位置参数时，可以将 foramt( )方法中的参数看成一个元组，｛0｝ == tuple[0]，｛1｝ ==tuple[1]，一定要注意不能越界，否则会报错。例如：

>>> "｛0｝ is a ｛1｝ years old boy. ｛2｝ likes playing football. ". format("Tom" , "10")
Traceback (most recent call last) :
  File "<pyshell#39>" , line 1, in <module>
    "｛0｝ is a ｛1｝ years old boy. ｛2｝ likes playing football. ". format("Tom" , "10")
IndexError：tuple index out of range

（3）｛｝中带关键字参数的形式

当｛｝中带关键字参数时，则按照关键字进行格式化。例如：

>>> "｛name｝ is a ｛age｝ years old boy. ". format(name="Tom" , age="10")
'Tom is a 10 years old boy. '

此时，format( )方法中的参数为键值对的形式，也可以写成字典的形式，但是要在字典前面加上 ** 。例如：

```
>>> "{name} is a {age} years old boy.".format( ** {"name":"Tom","age":"10"} )
'Tom is a 10 years old boy.'
```

4.1.2.3 字符串的基本操作

1. 访问

Python 语言中没有单字符类型，单字符在 Python 中也是作为一个字符串来使用的。Python 访问字符串中的值有两种方法，一种是索引，另一种是切片。下面介绍这两种方法。

（1）根据索引访问字符串

在 Python 语言中，定义好一个字符串后，可以通过索引（下标）访问单个的字符。跟所有的语言一样，索引值从 0 开始。同时，Python 语言支持双向索引，也可按从右向左的方向，用负数表示字符串中字符的索引，当从右向左时，索引值从 -1 开始。

字符串 name = "abcdefg" 的索引如图 4-2 所示。

图 4-2　字符串的索引

【例 4-1】 输出字符串 name = "abcdefg" 中的字母 a 和 d。

分析：Python 语言支持双向索引，既可以从左到右从 0 开始标记索引，也可以从右到左从 -1 开始标记索引，因此有两种方法访问字母 a 和 d。

```
>>>name = "abcdefg"
>>> name[0]
'a'
>>> name[-7]
'a'
>>> name[3]
'd'
>>> name[-4]
'd'
```

（2）用切片截取字符串

根据索引访问字符串时，一次只能访问单个字符，如果想访问字符串中的多个字符，则可以通过切片的方式来截取字符串中的一部分。

切片的语法格式如下。

　　　　string[start : stop : step]

参数说明：

- start 为切片的开始位（默认为 0）。
- stop 为切片的结束位（切片不包含结束位本身，stop 省略时，默认为列表长度）。
- step 为切片的步长（默认步长为 1，当步长省略时可省略最后一个冒号）。

其中，参数 step 的值可以是正数也可以是负数。当步长为正数时，表示从开始位向右取到结束位（不包含结束位）；当步长为负数时，表示从开始位向左取到结束位（不包含结束位）。

注意：

1）切片也适用于元组和列表这两种数据类型。

2）字符串切片选取的区间属于左闭右开型，即从开始位开始，到结束位的前一位结束，在具体的应用中一定要注意截取的范围。

【例4-2】 字符串 name = "abcdefg"，判断下列切片中，截取的是字符串中的哪几位。

name[1:4]	name[:4]	name[1:]	name[:]	name[::2]
name[::-2]	name[-1:-4:-1]	name[-1:-4:-2]	name[-4:]	

分析：在字符串的切片操作中要始终牢记两条，一是字符串索引是从 0 开始或从 -1 开始的；二是切片截取的是一个左闭右开的区间，不包含结束位。

```
>>> name = "abcdefg"
>>> name[1:4]
'bcd'
>>> name[:4]
'abcd'
>>> name[1:]
'bcdefg'
>>> name[:]
'abcdefg'
>>> name[::2]
'aceg'
>>> name[::-2]
'geca'
>>> name[-1:-4:-1]
'gfe'
>>> name[-1:-4:-2]
'ge'
>>> name[-4:]
'defg'
```

2. 查找、计数与成员判断

使用字符串的 find() 方法或 index() 方法进行子字符串查找，使用字符串的 count() 方法进行计数，使用 in 或 not in 运算符进行成员判断。

9 字符串的基本操作 2

（1）find() 方法

该方法检测字符串 string 中是否包含子字符串 str。如果指定开始位（beg）和结束位（end），则检查是否包含在指定范围内，如果包含，则返回开始的索引值，否则返回 -1。语法格式如下。

string. find(str, beg = 0, end = len(string))

例如：

```
>>> string = "Hello,Python!"
>>> string.find("llo")
2
>>> string.find("abc")
-1
```

子字符串"llo"在字符串 string 中，则返回子字符串开始的索引值 2，子字符串"abc"不在字符串 string 中，则返回-1。

（2）index()方法

该方法检测字符串 string 中是否包含子字符串 str。如果指定开始位（beg）和结束位（end），则检查是否包含在指定范围内。该方法与 find()方法一样，区别是如果 str 不在 string 中会报异常。语法格式如下。

string.index(str, beg=0, end=len(string))

例如：

```
>>> string = "Hello,Python!"
>>> string.index("llo")
2
>>> string.index("abc")
Traceback (most recent call last):
  File "<pyshell#24>", line 1, in <module>
    print(string.index("abc"))
ValueError: substring not found
```

（3）count()方法

该方法用于统计字符串 string 中某个字符出现的次数。如果指定开始位（beg）和结束位（end），则统计在指定范围内某字符出现的次数。语法格式如下。

string.count(str, beg=0, end=len(string))

例如：

```
>>> string = "Hello,Python!"
>>> string.count("o")
2
>>> string.count("abc")
0
```

（4）使用 in 或 not in 运算符进行成员判断

判断一个子字符串是否在字符串中，除了可以使用上述 find()方法或 count()方法外，还可以使用效率更高的成员资格判断运算符 in 或 not in。例如：

```
>>> "th" in "python"
True
```

```
>>> "thin" in "python"
False
>>> "thin" not in "python"
True
```

3. 替换

字符串的 replace( )方法用于替换。语法格式如下。

string. replace(old_str,new_str,num = string. count(old))

该方法把 string 中的 old_str 替换成 new_str，如果指定 num 值，则替换的次数不超过 num，该方法的返回值为替换后的字符串。

有一点需要特别强调，Python 语言中的字符串类型为不可变类型。不可变类型是指对象创建好之后就不能原地修改，如果要修改，须重新复制一份，在复制的对象上进行修改。所以当对一个字符串进行替换操作时，字符串本身并没有改变。例如：

```
>>> s = "Hello,Python!"
>>> s. replace("Python","World")
'Hello,World!'
>>> s
'Hello,Python!'
```

【例 4-3】将字符串"2010-05-09"更改为"20100509"。

```
>>> olddata = "2010-05-09"
>>> newdata = olddata. replace("-","")
>>> newdata
'20100509'
```

【例 4-4】给定敏感词集合（"暴力"，"恐怖"，"非法"），测试用户输入的字符串中是否有敏感词，如果有就把敏感词替换为三个星号（＊＊＊）。

```
>>> words = ("暴力","非法","恐怖")
>>> s = "某处发生了一起严重的暴力事件,已有当地一恐怖组织声称对此事负责"
>>> for word in words：
        if word in s：
            s = s. replace(word," ＊＊＊ ")
>>> s
'某处发生了一起严重的 ＊＊＊ 事件,已有当地一 ＊＊＊ 组织声称对此事负责'
```

4. 分割和连接

（1）split( )方法

该方法以 str 为分隔符对字符串 string 进行切片操作，如果指定 num 值，则分割为 num+1 个子字符串，str 默认包含\r、\n、\t 和空格符等符号。当 split( )中没有参数时，默认以空格为分隔符进行分割，当有参数时，则以该参数为分隔符进行分割。该方法的返回值为分割后的字符串列表（list）。语法格式如下。

string. split(str="",num)

例如:

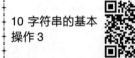

```
>>> string = "Hello,Python!"
>>> string.split(",")
['Hello', 'Python!']
>>> string = "www.baidu.com"
>>> string.split(".")
['www', 'baidu', 'com']
```

【例4-5】给定一个表示某邮箱地址的字符串,提取该邮箱地址中的域名。

```
>>> email = "3652895@qq.com"
>>> domain = email.split("@")[1]
>>> domain
'qq.com'
```

(2) join() 方法

该方法以 string 作为分隔符,将 seq 中的所有元素合并为一个新的字符串。语法格式如下。

string. join(seq)

例如:

```
>>> "-".join(["2020","2","18"])
'2020-2-18'
```

【例4-6】删除一个字符串中多余的空白字符,如果有连续多个空白字符,只保留一个。

```
>>> s="apple     pear      banana"
>>> " ".join(s.split())
'apple pear banana'
```

(3) +和 * 运算符

当两个字符串进行+运算时表示将两个字符串直接拼接。字符串与正整数 n 进行 * 运算时表示字符串重复 n 次。例如:

```
>>> "hello" + "pyhon"
'hellopyhon'
>>> "python" * 2
'pythonpython'
```

5. 统计

Python 语言提供了一些内置函数用于对字符串对象执行统计操作。max() 函数和 min() 函数用于统计最大值、最小值,len() 函数用于计算字符串长度。例如:

```
>>> max("python")
'y'
>>> min("python")
'h'
```

```
>>> len( "python" )
6
```

Python 语言提供的字符串操作方法非常多，本节就不一一介绍了，正是如此多的方法使得用户在实际开发时能够根据需要对字符串进行灵活的操作。根据字符串方法的不同作用，将字符串方法进行分类整理，如表4-3~表4-8所示。

表4-3　用于判断的方法

方 法 名	说 明
isalnum( )	如果 string 中至少有一个字符并且所有的字符都是字母或数字，则返回 True
isalpha( )	如果 string 中至少有一个字符并且所有的字符都是字母，则返回 True
isdecimal( )	如果 string 只包含十进制数字（全角数字），则返回 True
isdigit( )	如果 string 只包含数字［Unicode 数字、Byte 数字、全角数字、罗马数字］，则返回 True
isnumeric( )	如果 string 只包含数字［Unicode 数字、全角数字、罗马数字、汉字数字］，则返回 True
isspace( )	如果 string 只包含空格，则返回 True
istitle( )	如果 string 中每个单词的首字母都是大写的，则返回 True
islower( )	如果 string 包含至少一个区分大小写的字符，并且所有这些（区分大小写的）字符都是小写的，则返回 True
isupper( )	如果 string 包含至少一个区分大小写的字符，并且所有这些（区分大小写的）字符都是大写的，则返回 True

表4-4　用于查找、替换、统计的方法

方 法 名	说 明
find(str. start = 0, end = len(string))	检查 str 是否包含在 string 中，如果指定了范围，就检测是否包含在指定范围内，如果包含，则返回开始的索引值，否则返回-1
rfind(str. start = 0, end = len(string))	类似于 find( )方法，但是从右边开始查找
index(str. start = 0, end = len(string))	类似于 find( )方法，但如果 str 不在 string 中会报错
rindex(str. start = 0, end = len(string))	类似于 index( )方法，但是从右边开始查找
startswith(str)	检查字符串是否是以 str 开头，是则返回 True
endswith(str)	检查字符串是否是以 str 结束，是则返回 True
replace(old_str, new_str, num = string. count(old))	把 string 中的 old_str 替换成 new_str，如果指定 num 值，则替换次数不超过 num
string. count(str, beg = 0, end = len(string))	统计字符串 string 中子字符串 str 出现的次数
len(string)	统计字符串 string 所包含的字符个数，即字符串 string 的长度

表4-5　用于大小写转换的方法

方 法 名	说 明
capitalize( )	把字符串的第一个字母转换为大写
title( )	把字符串的每个单词首字母转换为大写，其他字母小写
lower( )	转换 string 中所有的大写字母为小写
upper( )	转换 string 中所有的小写字母为大写
swapcase( )	翻转 string 中所有字母的大小写

表 4-6　表示文本对齐的方法

方　法　名	说　　明
ljust( )	返回一个原字符串左对齐,并使用空格填充至长度 width 的新字符串
rjust( )	返回一个原字符串右对齐,并使用空格填充至长度 width 的新字符串
center( )	返回一个原字符串居中,并使用空格填充至长度 width 的新字符串

表 4-7　表示去除空白字符的方法

方　法　名	说　　明
strip( )	去掉 string 左右两边的空白字符(包括\n、\r、\t、' ')或者去掉指定字符
lstrip( )	去掉 string 开始的空白字符(包括\n、\r、\t、' ')或者去掉指定字符
rstrip( )	去掉 string 末尾的空白字符(包括\n、\r、\t、' ')或者去掉指定字符

表 4-8　表示拆分和连接的方法

方　法　名	说　　明
split(str=" " ,num)	以 str 为分隔符对 string 执行切片操作,如果指定 num 值,则仅分隔 num+1 个子字符串,str 默认包含" \r"、" \n"、" \t"和空格等符号
splitines( )	按照行(" \r"," \n"," \r\n")分隔,返回一个各行作为元素的列表
join(seq)	以 string 作为分隔符,将 seq 中所有的元素合并为一个新的字符串
partition(str)	把字符串 string 分成一个 3 元的元组(str 前面,str,str 后面)
rpartition(str)	类似于 partition( )方法,不过是从右边开始查找

4.1.3　案例实现

　　基本思路:首先将字符串以"/"为分隔符进行分割,这里用到本节中介绍的 split( )方法。该方法返回分割后的字符串列表,然后通过索引(下标)分别提取作者、译者、出版社、出版时间及价格信息。注意,索引值要从 0 开始。由于案例要求提取的价格信息不含有"元"字,还要对分割后的价格信息进行处理,可以采用 replace( )方法将"元"字替换为空格,也可以采用切片的方法将价格数值提取出来。

　　代码如下。

```
>>> s = "[美]卡勒德·胡赛尼 / 李继宏 / 上海人民出版社 / 2006-5 / 29.00 元"
>>> infos = s. split("/")
>>> author = infos[0]
>>> author
'[美]卡勒德·胡赛尼'
>>> translator = infos[1]
>>> translator
'李继宏'
>>> publisher = infos[2]
```

```
>>> publisher
'上海人民出版社'
>>> publish_time = infos[3]
>>> publish_time
'2006-5'
>>> price = infos[-1]
>>> price
'29.00 元'
>>> price_nounit = price.replace("元","")
>>> price_nounit
'29.00'
# 或者使用切片,把最后一个删除
>>> price_nounit = price[:-1]
>>> price_nounit
'29.00'
```

4.2 案例 11:从豆瓣电影网的 HTML 语句中提取电影名称和评价人数

4.2.1 案例描述

豆瓣电影网根据每部影片的观看人数以及该影片的评价等数据,通过算法综合分析产生豆瓣电影 Top 250,其页面如图 4-3 所示。

图 4-3 豆瓣电影 Top 250 页面

豆瓣电影 Top 250 中使用如下的 HTML 语句描述电影信息。

```
<span class="title">肖申克的救赎</span>
<span class="rating_num" property="v:average">9.7</span>
<span property="v:best" content="10.0"></span>
<span>1732393 人评价</span>
```

请从上述 HTML 字符串中提取电影名称和评价人数。

分析：电影名称和评价人数分别是标签<span class="title">和标签<span>的文本值。如果用字符串方法处理，需要先定位标签<span class="title">和</span>在整个字符串中的位置，再利用这两个位置从整个字符串中截取子字符串获得电影名称。再用同样的方法获取评价人数。但如果有多个类似的电影描述信息，一一提取就显得很麻烦。解决这类问题最优雅的方式是使用正则表达式。

4.2.2　相关知识

4.2.2.1　正则表达式概述

在实际开发中，经常会遇到下面对字符串处理的场景：验证用户输入的信息（如电子邮箱、身份证等）是否规范，或者从网页标签中提取文本值或属性值，再或者把一段文本中的特定子字符串全部替换。对于这类问题，如果使用字符串操作和条件处理虽然也可以解决，但是会非常麻烦。这类问题最好的解决方案是使用正则表达式。

正则表达式（Regular Expression，RE）是文本处理方面功能十分强大的工具之一。正则表达式是由一些普通字符（纯文本）和有特殊含义的特殊字符（元字符）构成的高度简练的字符串，用来描述或匹配一系列符合某种规则的字符串。例如，一个正则表达式“\d{15}\$|^\d{17}(\d|x|X)\$”能够描述或匹配满足这样规则的一系列字符串：15 位数字或 17 位数字，再加一个数字或一个字母 x 或 X，所以“130203750812001”“350100201912240025”“37010520050601075X”都能被匹配。一个正则表达式通常被称为一个模式（Pattern）。

通常使用正则表达式完成字符串的搜索、替换和分割操作。

1. 用正则表达式进行搜索

搜索一般就是从一个字符串中寻找符合特定条件的子字符串。例如，从字符串“122752 人评价”中提取出数字。用正则表达式解决的思路为：根据要查找的子字符串规则，创建一个正则表达式，然后对用户所提供的字符串进行搜索，找出字符串中和给定模式相匹配的子字符串。

除了用于搜索子字符串外，还可以全文匹配，对应的问题一般为检查一个字符串是否符合某种规则，如验证用户输入的邮箱、身份证数据是否规范。用正则表达式实现的思路为：根据数据应满足的规则，创建一个正则表达式，然后对用户所提供的整个字符串进行搜索，判断整个字符串是否和给定的模式匹配，如果匹配就认为给定的字符串是规范的，否则是不规范的。

2. 用正则表达式进行替换

常见的任务诸如把一个字符串中满足一定条件的子字符串替换为另一种形式。例如，把一段文本中所有的敏感词替换为“＊＊”。用正则表达式解决这类问题的思路为：根据要替换的子字符串的规则创建一个正则表达式，从字符串中找到所有匹配模式的子字符串，把匹配的子字符串用新值替换。

3. 用正则表达式进行分割

对于字符串的分割问题，若分割符不止一个，通过正则表达式来解决更简洁。

4.2.2.2　常用元字符

正则表达式由普通字符和有特殊含义的元字符构成。普通字符匹配自身。元字符的类型有用来匹配任意或特定字符（集）的，有限定匹配次数和限定匹配边界的，还有用于表示逻辑、分组或转义的。掌握元字符是使用正则表达式的第一步，表4-9列出常见的元字符及其含义。

表4-9 正则表达式中的元字符及其含义

类　型	元字符	含　义	正则表达式实例	完整匹配的字符串
字符或字符（集） 11 常用元字符 1	.	匹配除换行符外的任意单个字符	th. n	thin then
	[ ]	[ ]定义一个字符集合，匹配集合里的任意一个成员。集合中的成员可以逐个列出，也可以通过连字符"-"描述一个字符区间	a[,;:]c	a, c a; c a: c
			t[a-zA-Z0-9_]	te tD t3
	^	字符集合中第一个字符前加^表示对字符集合取反	1[^3-58]7	167 127
	\d	匹配任意一个数字字符，等价于[0-9]	p\d	p1 p2
	\D	匹配任意一个非数字字符，等价于[^0-9]	p\D	py pd
	\w	匹配任何一个字母、数字、下画线和汉字	pyth\wn	python pyth3n
	\W	与\w相反	pyth\Wn	pyth * n
	\s	匹配任何一个空白字符，包括空格、换行符、制表符等	a\sc	a c
	\S	与\s相反	a\Sc	abc
限定重复匹配次数 12 常用元字符 2	*	重复匹配前一个字符（字符集合）0次或多次	abc *	ab abc abccc
	+	重复匹配前一个字符（字符集合）1次或多次	abc+	abc abccc
	?	重复匹配前一个字符（字符集合）0次或1次	https?	https http
	{m,n}	重复匹配前一个字符（字符集合）m~n次	\d{3,4}	010 0531
	{m,}	重复匹配前一个字符（字符集合）至少m次	\w{6,}	abc123 abc_123
	{m}	重复匹配前一个字符（字符集合）m次	(abc){2}	abcabc
	*?、+?、??、{m,n}? 等	使 * 、+、?、{m,n}等变为非贪婪模式（见说明1）		
边界限定 13 常用元字符 3	\b	限定从一个单词的开始处开始匹配或者限定到一个单词的结尾处结束匹配，只匹配位置，不匹配任何字符。用来限定匹配一个单词的开始或结尾	\b. * ? th. * ? \b（含 th 的单词）	python this
	\B	与\b相反，不匹配一个单词边界	\Bcat\B	scatter
	^	从字符串的开头开始匹配	^<\? xml. * \? >（以<? xml 开头）	<? xml version=1.0? >
	$	匹配字符串结尾	. +</html>$	</body></html>

类　型	元字符	含　义	正则表达式实例	完整匹配的字符串
逻辑、分组、转义	|	逻辑或，匹配位于 | 之前或之后的字符。把位于它左边和右边的两个部分都作为一个整体来看待	19|20\d{2}	19 2020
	( )	把( )内的一组字符看成一个整体，构成子表达式（也叫分组）	(19|20)\d{2}	1998 2002
	\	转义符，也能表示取消元字符的特殊含义（见说明2）	. +? \. py	test. py

说明：

1）贪婪型元字符和懒惰型元字符。*、+、?、{m,n} 和 {m,} 都属于贪婪型元字符，它们在匹配时的行为模式是多多益善而不是适可而止，它们会尽可能地从一段文本的开头一直匹配到这段文本的末尾，而不是从开头匹配到碰到第一个匹配时为止。例如，用一个正则表达式"<tr>. * </tr>"来匹配一段字符串"<tr>追风筝的人</tr>……<tr>小王子</tr>"，匹配的结果是一个"<tr>追风筝的人</tr>……<tr>小王子</tr>"，而不是两个单独的 tr 节点。要想得到两个独立的 tr 节点，可以给贪婪型元字符加上一个? 后缀，就变为懒惰型元字符。懒惰型元字符就是匹配尽可能少的字符。把上面提到的正则表达式改为"<tr>. * ? </tr>"，仍然对字符串"<tr>追风筝的人</tr>……<tr>小王子</tr>"进行匹配，匹配的结果是两个，分别为"<tr>追风筝的人</tr>"和"<tr>小王子</tr>"。

2）转义。元字符在正则表达式中有特殊的含义，如果想要取这些特殊字符本来的含义，就在这些元字符前加转义字符\，表示取消元字符的特殊含义。例如，想表达文件扩展名是 . py 的 Python 源文件，模式就可以写为". +? \. py"，第一个圆点表示元字符，第二个圆点前面加了转义字符\，用来表达圆点字符本身。此外，还有几个特殊的元字符。连字符-作为元字符它只能出现在[ ]之间，在字符集合以外的地方它只是一个普通字符，所以在正则表达式的字符集合[ ]之外，-不需要被转义。另外，. 、 * 、+和? 这样的元字符在字符集合[ ]里使用的时候将被解释成普通字符，不需要被转义。但转义了也没有坏处。

语法是正则表达式中最容易掌握的部分，真正的挑战是如何运用这些语法把实际问题分解为一系列正则表达式并最终解决问题。

下面列出一些常见的正则表达式。

匹配一个汉字：[\u4e00-\u9fa5]

匹配"年-月-日"日期格式：\d{4}-\d{1,2}-\d{1,2}

匹配电子邮箱：\w+[\w.] * @ [\w.]+\. \w+

匹配身份证（简易版）：\d{15}(\d\d[0-9xX])?

匹配 IP 地址：((2(5[0-5]\|[0-4]\d))\|[0-1]? \d{1,2})(\. ((2(5[0-5]\|[0-4]\d))\|[0-1]? \d{1,2})){3}

对上述匹配 IP 地址的正则表达式的解释如下。IP 地址分为 4 段，每段数字范围为 0 ~ 255，段与段之间用圆点分隔。"2(5[0-5]\|[0-4]\d)"匹配 200 ~ 255，"[0-1]? \d{1,2}"匹配 0~199，所以 0~255 对应的正则表达式为"(2(5[0-5]\|[0-4]\d))\|[0-1]? \d{1,2}"。IP 的构成为第一段数字加上后面的圆点"."和数字重复三次，所以对应的正则表达式为"((2(5[0-5]\|[0-4]\d))\|[0-1]? \d{1,2})(\. ((2(5[0-5]\|[0-4]\d))\|[0-1]? \d{1,2})){3}"。

注意：写出一个形式上符合预期的正则表达式很容易，但把不需要匹配的情况也考虑周全并确保它们都将被排除在匹配结果以外往往要困难得多。在构造一个正则表达式的时候，一定要把想匹配什么和不想匹配什么详尽地定义清楚。

4. 2. 2. 3　re 模块的使用

正则表达式并不是 Python 语言的一部分，正则表达式语言是内置于其他语言或软件产品的"迷你"语言，现在几乎所有的语言或工具都支持正则表达式。Python 语言对正则表达式的支持功能都包含在 re 模块中，使用时需要导入 re 模块。表 4-10 列出 re 模块中的常用函数。

<div align="center">表 4-10 re 模块常用函数</div>

函 数 名	说 明
findall	字符串正则匹配查找
sub	字符串正则匹配替换
split	字符串正则匹配分割
compile	编译成一个正则表达式对象

下面介绍每个函数的详细用法。

（1）findall（）函数

findall（）函数的语法格式如下。

findall(pattern, string, flags=0)

findall（）函数的功能为查找，以列表的形式返回字符串中所有不重叠的匹配串。如果参数 pattern 表示的模式中含有括号（），就表示分组，仅返回括号内的匹配值。如果有多个分组，所有的组都构成一个元组，findall（）函数返回元组元素构成的列表。

其中，参数 flags 用于设置匹配模式，常用的值如下。

- re. I：忽略大小写。
- re. S：使元字符"."可以匹配任意字符，包括换行符。
- re. M：多行匹配。
- re. U：匹配 Unicode 字符，在 Python 3 中默认使用该参数值。
- re. X：冗长模式，该模式下 pattern 字符串可以是多行的，忽略空白字符，并可以添加注释。

查找时，模式中经常会含分组。分组用于从与模式匹配的子字符串中仅返回括号内的匹配内容。在编写爬虫，使用正则表达式技术解析网页数据时一般都会使用分组。例如，从一段网页源码中获取特定标签"<span class="rating_nums">8.5</span>"的文本值，即获取评分，模式可以设为"<span class="rating_nums">(.＊?)</span>"，使用 findall（）函数查找时，则在搜索匹配的子字符串"<span class="rating_nums">8.5</span>"中仅返回括号内的匹配内容，即"8.5"。

（2）sub（）函数

sub（）函数的语法格式如下。

sub(pattern,repl, string,count=0, flags=0)

sub（）函数的功能为替换，根据模式 pattern 把字符串 string 中所有匹配的子字符串都替换为 repl，并返回替换后的字符串。count 参数表示最大替换次数，默认为全部。flags 参数的含义同 findall（）函数中 flags 参数的含义。

（3）split（）函数

split（）函数的语法格式如下。

split(pattern, string, maxsplit=0, flags=0)

split（）函数的功能为分割，根据模式 pattern 把字符串 string 中所有匹配的子字符串作为分隔符，对字符串 string 进行分割，把分割结果以列表形式返回。maxsplit 参数用于指定最大分割次数。

下面举例说明利用 findall（）、sub（）、split（）函数实现对字符串的查找、替换、分割操作。

【例 4-7】 从一段字符串"咨询请拨打 010-××××××××或 010-××××××××"中提取所有的电话号码。

代码如下。

```
>>> import re
>>> s = "咨询请拨打 010-××××××××或××××××××"
>>> re. findall("\d{3,4}-\d{8}",s)
['010-81362795', '010-81362798']
```

【例 4-8】 从下面一段 HTML 语句中提取评分。

```
<span class="allstar45"></span>
<span class="rating_nums">8. 5</span>
```

代码如下。

```
>>> import re
>>> s = """<span class="allstar45"></span>
<span class="rating_nums">8. 5</span>"""
>>> re. findall(r'<span class="rating_nums">(. * ?)</span>',s)[0]
'8. 5'
```

【例 4-9】 删除字符串"Beautiful   is better than   ugly. Explicit is better than   implicit."中多余的空格。

代码如下。

```
>>> import re
>>> s = "Beautiful    is better than    ugly. Explicit is better than    implicit."
>>> re. sub("\s+"," ",s)        # 替换的新值为一个空格字符串
'Beautiful is better than ugly. Explicit is better than implicit.'
```

【例 4-10】 将字符串"Simple is better then complex. Complex is better then complicated."中的单词"then"替换为"than"。

如果代码写成这样：

```
>>> import re
>>> s = "Simple is better then complex. Complex is better then complicated."
```

```
>>> re. sub(" \bthen\b","than",s)
```
'Simple is better then complex. Complex is better then complicated. '

会发现根本没有替换。原因是"\b"在 Python 普通字符串中是转义字符，在正则表达式中也是特殊字符。正则表达式字符串需要经过两次转义，先是字符串转义，再是正则表达式中的转义。要想免去字符串转义，在正则表达式字符串前面加 r 或 R，取字符串原意。

正确代码如下。

```
>>> re. sub(r" \bthen\b","than",s)
```
'Simple is better than complex. Complex is better than complicated. '

【例 4-11】规范招聘信息中的岗位名称。从招聘网站中获取的岗位名称中，有的含有（ ）、-、+等符号，用于补充说明岗位地点、背景方向要求、福利、学历等信息，如"大数据开发工程师（哈尔滨）""大数据开发工程师-大数据方向""大数据运营+五险一金+住宿"。要求把岗位名称中的补充信息全部去掉。

分析：可以采用空串替换的方法实现特定部分删除。替换部分统一用正则表达式表示。有一点需要注意的是，正则表达式中有（、）、+符号，这些符号在正则表达式中是元字符，因为要取这些字符本身，所以需要在这些符号前面加上转义符"\"，以取消它们的特殊含义。

代码如下。

```
>>> import re
>>> p = r"(. *?) | \(. *? \) | -. * | \+. * "
>>> re. sub(p,"",'大数据开发工程师(哈尔滨)')
'大数据开发工程师'
>>> re. sub(p,"",'大数据运营+五险一金+住宿')
'大数据运营'
```

【例 4-12】提取字符串"http://www. pysimply. com/login. jsp? username = " nat" &pwd = "123""中的 URL 和参数。
代码如下。

```
>>> import re
>>> s = 'http://www. pysimply. com/login. jsp? username = " nat" &pwd = "123"'
>>> re. split(r" \? | &",s)    #或者 re. split(r"[? | &]",s)
['http://www. pysimply. com/login. jsp', 'username = " nat"', 'pwd = "123"']
```

除了直接使用 re 模块中的相关函数进行字符串处理，还可以使用 compile( )函数把模式编译成正则表达式对象，再使用正则表达式对象提供的方法进行字符串处理。

compile( )函数的语法格式如下。

compile(pattern, flags = 0)

compile( )函数返回一个正则表达式对象。

正则表达式对象提供的方法同 re 模块中提供的函数类似，常用的也是 findall( )、sub( )和 split( )方法，此处不再赘述。

4.2.3 案例实现

基本思路：电影名称是标签"<span class="title">"的文本值，通过正则表达式"<span class="title">(.*?)</span>"获取。因为只需要返回电影名称，所以把电影名称部分加上括号表示分组。评价人数在"<span>"和"人评价"之间，用正则表达式"<span>(\d+)人评价"获得。最终为含 2 个分组的正则表达式，且允许元字符"."匹配换行符。代码如下。

```
>>> import re
>>> s = """<span class="title">肖申克的救赎</span>
<span class="rating_num" property="v:average">9.7</span>
<span property="v:best" content="10.0"></span>
<span>1732393 人评价</span>"""
>>> re.findall('<span class="title">(.*?)</span>.*?<span>(\d+)人评价',s,re.S)
[('肖申克的救赎', '1732393')]
```

小结

1. Python 语言中表示文本的数据类型就是字符串，是由数字、字母、下画线、空格等组成的一串有序字符序列。

2. Python 语言中使用反斜杠\作为转义字符，在指定字符前添加\，以此来表示对该字符进行转义，暂时取消该字符本来的含义。

3. 字符串格式化有两种方式：%格式符和字符串方法 format()。

4. 访问字符串中的值有两种方法，一种是通过索引访问单个字符，另外一种是使用切片来截取字符串中的一部分。

5. Python 语言提供非常多的方法，使得在实际开发中字符串的操作更加灵活，应熟练掌握常用字符串的方法在实际编程中的应用。

6. 使用正则表达式能方便完成对字符串的搜索、替换和分割操作。

7. 正则表达式的元字符可以大致分为四类：匹配任意字符和特定字符集的元字符；用于限定匹配次数的元字符；用于限定位置匹配的元字符；用于分组、逻辑、转义的元字符。

8. Python 语言中的 re 模块支持正则表达式，模块中的常用函数 findall()、sub()和 split()分别用于字符串的搜索匹配、替换匹配和分割匹配。

习题

一、填空题

1. 字符串是一种表示_____的数据类型。

2. 字符串"Hello,Python!"中，字符串"P"对应的索引为_____。

3. 对字符串"Hello,Python!"进行切片[:4:1]操作，返回的结果是_____。

4. 能够返回某个子字符串在字符串出现次数的是_____方法。

5. 在 Python 语言中，当使用 find()方法查找子字符串时，如果子字符串不在字符串中，则返回_____，当使用 index( )方法查找子字符串时，如果子字符串不在字符串中，则返回_____。

6. 表达式':'. join('1,2,3,4,5'. split(','))的值为_____。

7. 表达式 'abcab'. strip('ab')的值为_____。

8. 已知字符串 x = 'Hello world'，那么执行语句 x. replace('Hello', 'Hi')之后，x 的值为_____。

9. 表达式 r'c:\windows\notepad. exe'. endswith(('. jpg', '. exe'))的值为_____。

10. 表达式'Hello world!'. count('l')的值为_____。

11. 已知 x = 'abcdefg'，则表达式 x[3:] + x[:3]的值为_____。

12. 表达式 len('aaaassddf'. strip('afds'))的值为_____。

13. re 模块已导入，表达式 re. split(r" +","Python is an simple language ")的值为_____。

14. 从网址 "http://www. cnsoftbei. com/plus/list. php? tid = 5" 中提取域名的表达式为_____。

15. 已知 s = "123456"，表达式 re. findall(" \d+",s)的值为_____；表达式 re. findall(" \d+?",s)的值为_____。

16. 将字符串"欧阳58分"中的分数改为60的语句为_____。

17. 写出匹配下列要求的正则表达式。

（1）匹配以 "www" 起始且以 ".com" 结尾的简单 Web 域名。_____

（2）匹配所有能够表示 Python 浮点数的字符串集。_____

（3）匹配月份。_____

（4）匹配手机号码（手机号码的规则是以 1 开头，第二位可以是 3、4、5、8、7，后面 9 位为任意数字）。_____

二、选择题

1. 下列关于字符串的说法错误的是 （   ）。

   A. Python 语言中单个字符应该视为长度为 1 的字符串

   B. 字符串以\0 标志字符串的结束

   C. 既可以用单引号，也可以用双引号创建字符串

   D. 在三引号字符串中可以包含换行、回车等特殊字符

2. （多选题）以下是正确的字符串的是 （   ）。

   A. 'abc"ab'   B. "abc'ab"   C. "abc"ab"   D. "abc\"ab"

3. "ab"+"c" * 2 的结果为 （   ）。

   A. abc2   B. abcabc   C. abcc   D. ababcc

4. 以下代码的输出结果为 （   ）。

```
str1 = "Runoob example.... wow!!!"
str2 = "exam"
print(str1. find(str2, 5))
```

   A. 6   B. 7   C. 8   D. −1

5. 字符串 s = 'Python is beautiful！'，下列可以输出'python'的是（　　）。

    A. print(s[:14])　　　　　　　　B. print(s[0:6].lower())

    C. print(s[0:6])　　　　　　　　　D. print(s[-21:-14].lower)

6. （多选题）下面对 Python 语言的 count()、index()和 find()方法描述错误的是（　　）。

    A. count()方法用于统计字符串里某个字符出现的次数

    B. find()方法用于检测字符串中是否包含子字符串，如果包含子字符串，则返回开始的索引值，否则报异常

    C. index()方法用于检测字符串中是否包含子字符串，如果不包含，则返回-1

    D. 以上都错误

7. 在下列正则表达式的元字符中，（　　）表示重复匹配前一个字符 0 次或 1 次。

    A. +　　　　　　　B. *　　　　　　　C. ?　　　　　　　D. ^

8. 在下列正则表达式的元字符中，（　　）表示重复匹配前一个字符 0 次或多次。

    A. +　　　　　　　B. *　　　　　　　C. ?　　　　　　　D. ^

9. 与{1,}等效的元字符为（　　）。

    A. +　　　　　　　B. *　　　　　　　C. ?　　　　　　　D. ^

10. 下列元字符中，不属于位置限定符的是（　　）。

    A. ^　　　　　　　B. *　　　　　　　C. $　　　　　　　D. \b

11. 正则表达式"\w+\.doc"不能匹配的字符串为（　　）。

    A. question.doc　　B. 5326.doc　　　　C. sample06.doc　　D. wordoc

12. 从字符串中查找含"ee"单词的匹配模式可以为（　　）。

    A. "ee"　　　　　　　　　　　　B. "\bee"

    C. "\b\w*ee\b"　　　　　　　　D. "\b\w*?ee\w*?\b"

课后实训

1. 编写程序，提示用户输入一个字符串，程序以逆序显示该字符串。

2. 编写程序，接收用户从键盘输入的一行字符串，统计出字符串中包含的字母和数字的个数。

3. 编写程序，判断接收的字符串是否为回文串。所谓回文串（palindromic string）是指这个字符串无论从左读还是从右读，所读的顺序是一样的，即回文串是左右对称的，如 abc-cba、123321。

4. 编程实现用户登录操作，当用户名为 admin 或 guest 且密码是 12345 时，显示登录成功，否则显示登录失败，共有三次机会。

5. 编程实现删除指定字符串，输入两个字符串，从第一个字符串中删除第二个字符串中的所有字符。例如，输入"They are students."和"aeiou"，则删除之后的第一个字符串变成"Thy r stdnts."

6. 编写程序，从形如"教育：本科；专业：统计学；爱好：唱歌"这样的字符串中提取出专业信息。

7. 编写程序，从下面一段 HTML 语句中提取出所有赛题和发布时间。

```html
<li>
<a href="/plus/view. php？aid=356">航班座位自动分配系统</a>
<span>2019-03-27</span>
<div class="clear"></div>
</li>
<li>
<a href="/plus/view. php？aid=346">车牌识别软件的设计与开发</a>
<span>2019-03-05</span>
<div class="clear"></div>
</li>
```

8. 编写程序，去除下列 HTML 语句中的标签，只显示文本信息。

```html
<div class="bmsg job_msg inbox">
<p>岗位描述:</p>
<p>1. 参与大数据平台数据仓库建设;</p>
<p>2. 参与业务需求调研,根据需求完成相关的设计方案和开发;</p>
<p>3. 参与数据抽取、清洗、转化等 ETL 处理程序开发;</p>
<p><br></p>
<p>任职要求:</p>
<p>1. 本科以上学历,2 年以上 BI 开发经验;</p>
<p>2. 有大数据相关工作经验,熟悉使用 Spark sql、hive、Impala、sqoop、hbase、Redis 等一种以上大
数据组件;</p>
<p>3. 精通 SQL,熟悉使用 MySql、Greeplum 等主流关系型数据库;</p>
<p>4. 熟悉 ETL 开发,熟练使用至少一种 ETL 工具( Kettle、Datastage、Datax、Informatica);</p>
<p>5. 熟悉 Linux,能够编写基本 Shell 脚本;</p>
<p>6. 有 Java、Python 中的一种或多种语言开发经验优先考虑;</p>
</div>
```

第5章 数 据 结 构

如何将多个数据作为一个整体存储并操作？Python 语言提供了很多集合类的数据结构，或者说是复合型的数据类型，如列表、元组和字典等。这些数据结构能够存储 n 个元素，除了不可变类型外，这些数据结构还提供增、删、改、查等操作。本章介绍列表、元组、字典和集合四种常见的数据结构，最后还附有一个简单的爬虫程序。

通过本章的学习，实现下列目标。

- 掌握列表的添加、修改、删除和查找等常见操作。
- 掌握切片操作和列表推导式的使用。
- 掌握元组的常见用法。
- 掌握字典的添加、修改、查找等常见操作。
- 掌握集合的基本用法。
- 牢记列表、字典和集合是可变类型，元组是不可变类型。
- 能够根据实际场景选用合适的数据结构。
- 会编写简单的爬虫程序。

5.1 案例 12：模拟评委打分

5.1.1 案例描述

模拟评委给选手打分。选手最后得分为去掉一个最高分、去掉一个最低分之后的平均分。

分析：这个案例的解决思路比较明显，首先输入 n 个整数，去掉最高分和最低分，计算剩余整数的平均分。首先需要解决的一个问题是，如何存储这 n 个整数？

Python 语言提供了很多集合类的数据结构，或者说是复合型的数据类型，最常见的数据结构是列表。本节将介绍列表的相关知识。

5.1.2 相关知识

5.1.2.1 列表概述

先列出几个列表对象，例如：

```
>>> grades = [98,67,80,79,45]
>>> languages = ['Python','Java','C','C++']
>>> mixed = ['Python',98,70,'Scala']
>>> nested = [1,[1,1],[[1,2,1],[1,3,3,1]]]
```

从示例中可以看出，一个列表对象包含若干个元素，元素和元素之间用逗号分隔，整体用方括号［］括起来。一个列表对象中元素的数据类型可以不一致。

使用 type( ) 函数查看列表对象的数据类型。

>>> type(grades)
<class 'list'>

可见，列表的类型名为 list。

如何存储列表呢？grades＝［98,67,80,79,45］在内存中的存储方式如图 5-1 所示。

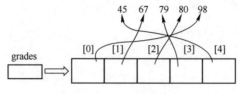

图 5-1 列表存储方式

从图 5-1 可见，列表占用连续的内存空间。列表元素中包含的并不是元素对象本身，而是指向各个元素对象的引用。

综上所述，列表是包含若干个数据类型可不相同的（一般用来存储类型相同的数据）、有序、占用连续内存空间的元素。它是一种数据结构，也是一种复合型的数据类型。

列表的一个很重要的特性是列表是可变类型，也就是说，可以对一个列表对象进行原地修改。又因为列表占用连续空间，所以当列表元素增加或删除时，列表对象会自动进行扩展或收缩内存，保证元素之间没有空隙。

5.1.2.2 列表的操作

对列表的基本操作包括创建、访问与修改、添加、删除和排序等。可使用列表对象提供的方法、内置函数或运算符完成下列基本操作。

1. 创建列表

创建列表主要有两种方式：一是直接把一个列表对象赋给一个变量；二是使用 list( ) 函数将 range 对象、字符串等类型的数据转换为列表。

（1）直接把一个列表对象赋给一个变量

>>> grades = ［98,67,80,79,45］
>>> languages = ［'Python','Java','C','C++'］

14 列表操作 1

（2）使用 list( ) 函数把其他类型转换为列表

>>> nums = list(range(5))
>>> nums
［0, 1, 2, 3, 4］
>>> word = list("happy")
>>> word
['h', 'a', 'p', 'p', 'y']

2. 访问和修改列表元素

列表同字符串一样，支持双向索引，既可以用非负数表示索引，也可以用负数表示索引，如图 5-2 所示。

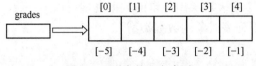

图 5-2　列表的双向索引

通过索引访问列表中的一个元素。例如，grades＝[98,67,80,79,45]，第 4 个元素为 grades[3]，因为第 4 个元素也是倒数第 2 个元素，所以也可以通过 grades[-2]访问。如果指定下标不存在，则抛出异常。例如：

>>> grades = [98,67,80,79,45]

>>> grades[3]

79

>>> grades[-2]

79

>>> grades[5]

Traceback (most recent call last)：

　　File "<pyshell#12>"，line 1, in <module>

　　　　grades[5]

IndexError：list index out of range

如果要依次访问列表对象中的所有元素（即遍历），直接使用 for 语句即可。例如：

>>> grades = [98,67,80,79,45]

>>> for data in grades：

　　　　print(data)

98

67

80

79

45

列表是可变类型，所以可以原地修改列表对象。修改时，直接把一个新的值赋给列表元素。例如：

>>> grades = [98,67,80,79,45]

>>> id(grades)

66496272

>>> grades[3] = 100

>>> grades

[98, 67, 80, 100, 45]

>>> id(grades)

66496272

从上述代码可以看出，当对一个列表元素进行修改时，修改前和修改后列表对象的地址没有改变，说明是原地修改。

3. 添加列表元素

列表对象提供了两个方法实现添加列表元素，分别为 append( )方法和 insert( )方法。

（1）列表对象的 append( )方法

语法格式：

> **L. append(object)**

功能：在当前列表尾部追加元素，原地修改列表。其优点是速度较快，推荐使用。

参数说明 object 表示要追加的元素。

返回值：None。

例如，向 grades 列表尾部追加一个元素 70，例如：

```
>>> grades = [98,67,80,100,45]
>>> grades. append(70)
>>> grades
[98, 67, 80, 100, 45, 70]
```

（2）列表对象的 insert( )方法

语法格式。

> **L. insert(index, object)**

功能：将元素添加至列表的指定位置（因为列表占用连续的空间，所以在中间位置插入新元素时，后面的元素依次往后移动）。

参数说明：

● index 为插入索引处。

● object 为待插入的元素。

返回值：None。

例如，在 grades 列表的索引 3 处插入一个新元素 75。

```
>>> grades = [98,67,80,100,45,70]
>>> grades. insert(3,75)
>>> grades
[98, 67, 80, 75, 100, 45, 70]
```

另外，还可以使用列表对象的 extend( )方法实现两个列表对象的合并。

语法格式：

> **L. extend(iterable)**

功能：将另一个可迭代对象的所有元素添加至该列表对象的尾部。通过 extend( )方法来增加列表元素也不改变其内存首地址，属于原地操作。

参数说明：

● iterable 为可迭代对象（先简单理解为含多个元素的对象，详见第 5.7.2 节），即欲合并的对象。

返回值为 None。

例如，grades 和 arr 为两个列表对象，将 arr 中的所有元素都追加至 grades 中。例如：

```
>>> grades = [98, 67, 80, 75, 100, 45, 70]
>>> arr = [85,95]
>>> grades. extend(arr)
>>> grades
[98, 67, 80, 75, 100, 45, 70, 85, 95]
```

使用+、+=和∗运算符也能实现列表元素的添加。各种运算的运算规则如表 5-1 所示。

表 5-1 添加列表元素的运算规则

运　算　符	运　算　规　则
+	合并列表，生成一个新列表，该操作速度较慢，在添加大量元素时不建议使用
+=	合并列表，原地操作
*	列表元素重复

+运算的示例如下。

```
>>> grades_1 = [80,90]
>>> grades_2 = [65,70,40]
>>> id(grades_1)
2008481788872
>>> grades_1 = grades_1 + grades_2
>>> grades_1
[80, 90, 65, 70, 40]
>>> id(grades_1)
2008482094152
```

从上例中可以看出，运算前的列表 grades_1 和运算后的列表 grades_1 的地址改变了。
再看使用+=运算的示例。

```
>>> grades_1 = [80,90]
>>> grades_2 = [65,70,40]
>>> id(grades_1)
2008482093320
>>> grades_1 += grades_2
>>> grades_1
[80, 90, 65, 70, 40]
>>> id(grades_1)
2008482093320
```

从上例中可以看出，运算前的列表 grades_1 和运算后的列表 grades_1 的地址没有改变。
∗运算的示例如下。

```
>>> grades_1 = [80,90]
>>> grades_1 * 3
[80, 90, 80, 90, 80, 90]
```

4. 删除列表（元素）

使用 del 命令或列表对象的 remove( )、pop( ) 和 clear( ) 方法可实现删除列表元素。

（1）del 命令

使用 del 命令可以删除列表中指定位置上的元素或者删除整个列表。例如：

15 列表操作 2

```
>>> grades = [90, 80, 100,70,60]
>>> del grades[2]
>>> grades
[90, 80, 70, 60]
>>> del grades
```

（2）列表对象的 remove( ) 方法

语法格式：

L. remove(value)

功能：删除首次出现的指定元素，如果列表中不存在要删除的元素，则抛出异常。

参数说明：value 为待删除的值。

返回值：None。

例如，删除一个列表对象中值为 100 和 40 的元素。

```
>>> grades = [90,80,100,70,60]
>>> grades. remove(100)
>>> grades
[90, 80, 70, 60]
>>> grades. remove(40)
Traceback (most recent call last):
    File "<pyshell#36>", line 1, in <module>
        grades. remove(40)
ValueError: list. remove(x): x not in list
```

注意：1）当一个列表对象中含有多个待删除的元素时，使用 remove( ) 方法只能删除首次出现的一个指定元素。例如：

```
>>> nums = [20,30,30,40,30]
>>> nums. remove(30)
>>> nums
[20, 30, 40, 30]
```

2）为了保证占用连续的空间，增加或删除元素（除了最后一个元素）都会引起列表元素的移动。

【例 5-1】删除列表对象[20,30,30,40,30]中值为 30 的所有元素。

代码如下。

```
nums = [20,30,30,40,30]
del_data = 30
for data in nums:
    if data == del_data:
        nums.remove(data)
print(nums)
```

运行结果如下。

```
[20, 40, 30]
```

上述代码的运行结果中为什么没有把所有的 30 都删除呢？先来分析执行过程：第一次迭代访问索引为 0 的元素，即 20，不是要删除的元素；接着访问索引为 1 的元素，即 30，因为和待删除的元素相等，所以删除列表中的第一个 30；因为列表占用连续的空间，所以当删除第一个 30 后，后面的元素都依次往前移动，这样继续访问索引为 2 的元素时，就是 40 了，40 前面的 30 元素就漏掉了。如何改正呢？可以从后往前遍历列表。这样就不会因为前移而漏掉元素了。

改正后的代码如下。

```
nums = [20,30,30,40,30]
del_data = 30
for i in range(len(nums)-1,-1,-1):
    if nums[i] == del_data:
        nums.remove(del_data)
print(nums)
```

运行结果如下。

```
[20, 40]
```

此例的实现方法不止一种，还可以利用第 5.2 节的切片和第 5.3 节的列表推导式来实现。

（3）列表对象的 pop() 方法

语法格式：

L. pop([index])

功能：删除并返回指定位置（默认为最后一个）上的元素。如果列表为 None 或索引超出范围，则抛出 IndexError 异常。

参数说明：index 为欲删除元素所在的索引，默认为最后一个。

返回值：删除的元素。

例如，删除一个列表对象中最后一个元素或索引为 2 的元素。

```
>>> grades = [10,20,30,40,50]
>>> grades.pop()
```

50
>>> grades. pop(2)
30
>>> grades
[10, 20, 40]

(4) 列表对象的 clear()方法

语法格式:

L. clear()

功能:删除列表对象中的所有元素。

返回值:None。

例如,删除一个列表对象中的所有元素。

>>> grades = [90,70,60]
>>> grades. clear()
>>> grades
[]

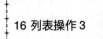

16 列表操作 3

5. 查找、计数与成员判断

使用列表对象的 index()方法进行元素查找,使用列表对象的 count()方法进行计数,使用 in 或 not in 运算符进行成员判断。

(1) 使用列表对象的 index()方法进行查找

语法格式:

L. index(value, [start, [stop]])

功能:获取指定元素首次出现的索引,若列表对象中不存在指定元素,则抛出 ValueError 异常。

参数说明:

● value 为要查找的值。

● start, stop 为指定搜索范围。start 默认为 0, stop 默认为列表长度。

返回值:整数,表示指定元素首次出现的索引。

例如,搜索元素 30 在一个列表对象中首次出现的位置。

>>> grades = [40,30,60,80,30]
>>> grades. index(30)
1
>>> grades. index(100)
Traceback (most recent call last):
    File "<pyshell#12>", line 1, in <module>
        grades. index(100)
ValueError: 100 is not in list

(2) 使用列表对象的 count()方法进行计数

语法格式:

L. count(value)

功能：获取指定元素在列表中出现的次数。

参数说明：value 为要查找的值。

返回值：整数，表示指定元素在列表中出现的次数。

例如，统计指定元素 30 在一个列表对象中出现的次数。

```
>>> grades = [40,30,60,80,30]
>>> grades.count(30)
2
```

（3）使用 in 或 not in 运算符进行成员判断

判断一个元素是否在列表中，除了可以使用上述 count() 方法外，还可以使用效率更高的成员资格判断运算符 in 或 not in。例如：

```
>>> grades = [40,30,60,80,30]
>>> 30 in grades
True
>>> 100 in grades
False
>>> 30 not in grades
False
```

6. 排序与逆序

对一个列表对象进行排序可以使用列表对象的 sort() 方法或内置函数 sorted()。两者的区别就是列表对象的 sort() 方法是原地排序，内置函数 sorted() 没有改变列表本身，返回值为排序后的新列表。

（1）列表对象的 sort() 方法

语法格式如下。

L. sort(key=None, reverse=False)

功能：对列表对象原地排序。

参数说明：

● key 为排序依据。

● reverse 为升序或降序标志，默认为 False，表示升序。

返回值：None。

（2）内置函数 sorted()

语法格式如下。

```
sorted(iterable, /, *, key=None, reverse=False)
```

功能：对列表对象进行排序。

参数说明：含义同列表对象的 sort() 方法中的参数。

返回值：排好序的新列表。

例如：

```
>>> grades = [98,67,80,79,45]
>>> grades. sort( )
>>> grades
[45, 67, 79, 80, 98]
>>> grades = [98,67,80,79,45]
>>> sorted(grades)
[45, 67, 79, 80, 98]
>>> grades
[98, 67, 80, 79, 45]
```

对一个列表对象进行逆序排列可以使用列表对象的 reverse( )方法或内置函数 reversed( )。两者的区别就是列表对象的 reverse( )方法是原地逆序，内置函数 reversed( )没有改变列表本身，返回值为逆序后的迭代器（可迭代对象的一种，最大特点是不会把全部数据一次性加载到内存中，而是按需产生，详见第 5.7 节）。

例如：

```
>>> grades = [98,67,80,79,45]
>>> list(reversed(grades))
[45, 79, 80, 67, 98]
>>> grades
[98, 67, 80, 79, 45]
>>> grades. reverse( )
>>> grades
[45, 79, 80, 67, 98]
```

7. 统计

Python 语言提供了很多内置函数用于对列表对象的统计操作。sum( )函数用于求和，max( )函数和 min( )函数用于统计最大值、最小值，len( )函数用于计算列表长度。例如：

```
>>> grades = [98,67,80,79,45]
>>> sum(grades)
369
>>> max(grades)
98
>>> min(grades)
45
>>> len(grades)
5
```

5.1.3 案例实现

基本思路：将用户输入的 n 个分数依次追加至一个列表对象中。从列表对象中删除一个最大值和最小值，对剩余的数求平均值。

代码如下。

```
n = int(input("请输入评委个数:"))
scores = []
for i in range(n):
    score = int(input("请输入第{}个评委的分数:".format(i+1)))
    scores.append(score)


max_score = max(scores)
min_score = min(scores)
scores.remove(max_score)
scores.remove(min_score)
avg_score = sum(scores) / len(scores)
print("去掉一个最高分{0},去掉一个最低分{1},\
最终得分为{2:.2f}".format(max_score,min_score,avg_score))
```

运行结果如下。

```
请输入评委个数:5
请输入第 1 个评委的分数:90
请输入第 2 个评委的分数:95
请输入第 3 个评委的分数:86
请输入第 4 个评委的分数:80
请输入第 5 个评委的分数:95
去掉一个最高分 95,去掉一个最低分 80,最终得分为 90.33
```

5.2 案例 13：奇偶位置交换

5.2.1 案例描述

有一个整数列表,要求调整元素顺序,把所有索引为奇数的元素都放到前面,索引为偶数的元素都放到后面。

分析:按索引取出奇数位置的元素,放置到列表 L1 中;再按索引取出偶数位置的元素,放置到列表 L2 中;将 L1 和 L2 列表合并。

如何迅速取出奇数位置和偶数位置上的元素?可利用本节要介绍的列表切片来实现。

5.2.2 相关知识

5.2.2.1 切片概述

列表切片是通过指定下标范围来获得一组序列的元素的访问方式。

切片的语法格式如下。

Sequence[start_index:stop_index:step]

其中,参数 start_index、stop_index 和 step 的含义和 range() 函数中三个参数的含义相同。具体见表 5-2 所示。

表5-2 切片的三个参数的含义

参　　数	含　　义
start_index	切片的开始位置（默认为0）
stop_index	切片的结束位置（不包含），默认为列表长度
step	切片的步长（默认为1），当步长省略时可以省略最后一个冒号。 步长为正，从开始向右取到结束位置（不包含）； 步长为负，从开始向左取到结束位置（不包含）

例如：

```
>>> arr = [98,67,80,79,45,70,88]
>>> arr[2:5]
[80, 79, 45]
>>> arr[2:5:2]
[80, 45]
>>> arr[5:2:-1]
[70, 45, 79]
>>> arr[4:10]
[45, 70, 88]
>>> arr[7:10]
[]
```

从最后两条语句可以看出，切片操作不会因为索引越界而抛出异常，而是简单地在列表尾部截断或者返回一个空列表，使用切片时代码具有更强的健壮性。

5.2.2.2 切片的作用

利用切片能够访问多个元素，能够添加、修改、删除元素。

1. 访问多个元素

利用切片能够访问多个位置有规律的元素。例如：

```
>>> arr = [98,67,80,79,45,70,88]
>>> arr[1:6]        # 部分
[67, 80, 79, 45, 70]
>>> arr[:]          # 全部
[98, 67, 80, 79, 45, 70, 88]
>>> arr[::2]        # 偶数位置
[98, 80, 45, 88]
>>> arr[1::2]       # 奇数位置
[67, 79, 70]
>>> arr[::-1]       # 逆序
[88, 70, 45, 79, 80, 67, 98]
>>> arr[:3]         # 前3个
[98, 67, 80]
>>> arr[-3:]        # 后3个
```

[45,70,88]

利用切片获取到多个元素实际是生成一个新的列表,不过为浅复制。浅复制如图 5-3 所示。浅复制虽然新生成一个列表,但新列表元素和老列表元素指向的对象为同一个对象,也就是说,浅复制其实是地址的复制。

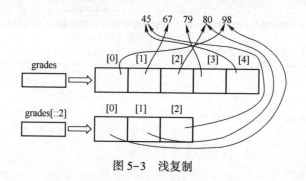

图 5-3　浅复制

【例 5-2】利用切片删除列表对象[20,30,30,40,30]中值为 30 的所有元素。

基本思路:利用切片生成一个新的列表对象,对新的列表对象进行迭代。

代码如下。

```
nums = [20,30,30,40,30]
del_data = 30
for data in nums[:]:
    if data == del_data:
        nums.remove(data)
print(nums)
```

2. 添加元素

利用切片操作能够在列表的任意处添加 n 个元素。

在列表头部添加元素的代码如下。

```
>>> arr = [98,67,80,79,45]
>>> arr[:0] = [100,99]
>>> arr
[100, 99, 98, 67, 80, 79, 45]
```

从代码中可以看出,利用切片添加元素属于原地操作。利用切片进行修改和删除也属于原地操作。

在列表尾部追加元素的代码如下。

```
>>> arr = [100, 99, 98, 67, 80, 79, 45]
>>> arr[len(arr):] = [50,60,70]
>>> arr
[100, 99, 98, 67, 80, 79, 45, 50, 60, 70]
```

在列表中间位置添加元素的代码如下。

```
>>> arr[3:3] = [4,6]
>>> arr
[100, 99, 98, 4, 6, 67, 80, 79, 45, 50, 60, 70]
```

3. 修改元素

给一个列表切片赋新值，就是原地修改对应位置的元素。例如：

```
>>> arr = [100, 99, 98, 4, 6, 67, 80, 79, 45, 50, 60, 70]
>>> arr[3:9] = [45]
>>> arr
[100, 99, 98, 45, 50, 60, 70]
```

4. 删除元素

将一个列表切片赋为空列表，就是删除对应位置的元素。例如：

```
>>> arr = [100, 99, 98, 45, 50, 60, 70]
>>> arr[2:5] = []
>>> arr
[100, 99, 60, 70]
```

还可以通过把列表切片和 del 命令相结合删除元素。例如：

```
>>> arr = [100, 99, 60, 70]
>>> del arr[:2]
>>> arr
[60, 70]
```

5.2.3　案例实现

基本思路：利用切片分别获取奇数位置处元素序列和偶数位置处元素序列，然后进行合并。

代码如下。

```
from random import sample
n = 10
arr = sample(range(100),n)          # 使用 sample 从 range(100)中随机挑选 10 个不同的元素
arr_odd = arr[1::2]
arr_even = arr[::2]
arr_odd. extend(arr_even)
print(arr)                          # 纯粹为了验证结果
print(arr_odd)
```

运行结果如下。

```
[93, 19, 43, 99, 20, 6, 39, 54, 98, 70]
[19, 99, 6, 54, 70, 93, 43, 20, 39, 98]
```

5.3 案例14：奇偶数交换

5.3.1 案例描述

有一个整数列表 L，要求调整元素顺序，把所有奇数都放到前面，偶数都放到后面。

分析：把整数列表 L 中的奇数放置到列表 L1 中；把整数列表 L 中的偶数放置到列表 L2 中；将 L1 和 L2 列表合并。

如何利用现有列表 L 快速生成新的列表 L1 和 L2 呢？可利用本节要介绍的列表推导式来实现。

5.3.2 相关知识

5.3.2.1 列表推导式

列表推导式是利用已知列表创建新列表的一种方式。

它最简单的一种语法格式如下。

> [expr for iter_var in iterable]

执行过程为先迭代 iterbale 里的所有元素，每一次迭代，都先把 iterbale 里的相应元素放在 iter_var 中，再在表达式中应用该 iter_var，最后用表达式的计算值生成一个新列表。

例如，根据列表 mylist=[1,2,3,4,5]生成一个新列表，新列表中每个元素为 mylist 中每个元素乘以 2 的结果。代码如下。

```
>>> mylist = [1,2,3,4,5]
>>> [data * 2 for data in mylist]
[2, 4, 6, 8, 10]
```

新列表中每个元素和已知列表中每个元素都有相同的变形关系。列表推导式除了有变形的作用，还有过滤的作用。对应的语法格式如下。

> [expr for iter_var in iterable if cond_expr]

执行过程为把 iterable 中满足 cond_expr 条件的相应元素放到 iter_var 中，再在表达式中应用该 iter_var 的内容，最后用表达式的计算值生成一个列表。

例如，挑选出列表 mylist=[1,2,3,4,5]中的所有偶数，代码如下。

```
>>> mylist = [1,2,3,4,5]
>>> [data for data in mylist if data%2==0]
[2, 4]
```

列表推导式可以嵌套，完整的语法格式如下。

> [expr for iter_var1 in iterable1 if cond_expr1
>   for iter_var2 in iterable2 if cond_expr2
>   …
>   for iter_var3 in iterable3 if cond_expr3]

【例5-3】 输出20以内的奇数。

```
>>> [data for data in range(20) if data%2!=0]
[1, 3, 5, 7, 9, 11, 13, 15, 17, 19]
```

【例5-4】 在[1,100]范围内生成20个随机数。

方法1：使用randint()函数。代码如下。

```
from random import randint
rdm = [randint(1,100) for i in range(20)]
```

方法2：使用choice()函数。

choice()函数在random模块中，函数原型如下。

```
choice(seq)
```

choice()函数的作用为从序列seq中随机挑选一个元素。代码如下。

```
from random import choice
seq = range(101)
rdm = [choice(seq) for i in range(20)]
```

方法3：使用sample函数。

sample()函数在random模块中，函数原型如下。

```
sample(population, k)
```

sample()函数的作用为从一个序列中随机挑选k个不重复的元素，返回这k个元素构成的列表。代码如下。

```
from random import sample
seq = range(101)
rdm = sample(seq,20)
```

【例5-5】 计算一个整数各个位数上的数字。

基本思路：把整数转换为字符串，迭代字符串，得到每个字符，再把每个字符转换为整数，就是原整数各个位数上的数字。代码如下。

```
n = 853962
print([int(item) for item in str(n)])
```

运行结果如下。

```
[8, 5, 3, 9, 6, 2]
```

5.3.2.2 map()、filter()函数

map()和filter()是2个内置的高阶函数（一个函数接收另一个函数并将其作为参数，这种函数就称为高阶函数），和列表推导式的作用类似，map()函数有变形的作用，filter()函数有过滤的作用。

1. map()函数

map()函数的语法格式如下。

map(function, * iterables)

map()函数一般接收两个参数，一个是函数 function，一个是可迭代对象。map()函数将传入的函数依次作用到可迭代对象的每个元素，并把结果作为新的迭代器返回。

map()函数相当于以下列表推导式。

[function(item) for item in sequence]

和列表推导式不同的是，列表推导式得到的是列表，map()函数返回的是迭代器。

【例5-6】构造一个随机整数列表，把列表中每个元素转化为字符串。

代码如下。

```
from random import choice
seq = range(101)
rdm = [choice(seq) for i in range(5)]
print(rdm)
srdm = map(str,rdm)
print(list(srdm))
```

运行结果如下。

```
[73, 0, 21, 38, 75]
['73', '0', '21', '38', '75']
```

map()函数也支持多个序列，这就要求其中作为参数的函数也支持相应数量的参数输入。例如，计算 2 个列表中对应位置元素之和，代码如下。

```
>>> def add(x, y): return x+y
>>> map(add, range(8), range(8))
[0, 2, 4, 6, 8, 10, 12, 14]
```

2. filter()函数

filter()函数的语法格式如下。

filter(function or None, iterable)

filter()函数将一个单参数函数作用到一个可迭代对象上，返回该可迭代对象中使得该函数返回值为 True 的那些元素组成的 filter 对象，如果函数为 None，则返回可迭代对象中等价于 True 的元素。

filter()函数用于过滤，相当于以下列表推导式。

[item for item in sequence if function(item) == True]

和列表推导式不同的是，列表推导式得到的是列表，filter()函数返回的是迭代器。

【例5-7】对于一个字符串列表，保留长度大于 1 的字符串。

```
>>> def delbylen(s):
        return len(s)>1
>>> li = ["a", "python", "java", "c", "b"]
```

```
>>> list(filter(delbylen,li))
[' python ', ' java ']
```

【例 5-8】 删除一个整数列表中的所有奇数元素。

```
>>> def del_odd(n):
        return n % 2 == 0
>>> list(filter(del_odd,[0,1,2,3,4,5,6,7,8,9]))
[0, 2, 4, 6, 8]
```

5.3.3 案例实现

基本思路：用列表推导式迅速生成由奇数构成的列表 L1 和由偶数构成的列表 L2，然后将 L1 和 L2 列表合并。代码如下。

```
from random import sample
n = 10
arr = sample(range(100),n)
arr_odd = [data for data in arr if data % 2 != 0]
arr_even = [data for data in arr if data % 2 == 0]
arr_odd.extend(arr_even)
print(arr)          # 纯粹为了验证结果
print(arr_odd)
```

运行结果如下。

```
[74, 31, 76, 51, 72, 38, 80, 88, 27, 22]
[31, 51, 27, 74, 76, 72, 38, 80, 88, 22]
```

5.4 案例 15：不同时间段显示不同问候语

5.4.1 案例描述

根据系统当前时间，显示不同的问候语。具体要求如下。

0—6 点（不含 6 点）：深夜还在工作，身体和你有仇吗？

6—12 点（不含 12 点）：上午要努力工作哦，加油。

12—18 点（不含 18 点）：下午脑子易疲劳，干点轻松的活吧。

18—24 点（不含 24 点）：晚上了，身体需要好好休息，请关机。

分析：首先想到使用多分支语句，但分支较多，显得代码较长。仔细观察一下，会发现问候语为有限个，并且不会发生改变。对于这样的数据集，用本节介绍的元组解决最佳。

5.4.2 相关知识

5.4.2.1 元组概述

先列出几个元组对象，例如：

```
>>>levels = (50,60,70,80)
>>>opetype = ('select','insert','update','delete')
```

从示例中可以看出，元组和列表类似，一个元组对象包含若干个元素，元素和元素之间用逗号分隔，整体用圆括号"()"括起来。一个元组对象中元素的数据类型也可以不一致。

使用 type( ) 函数查看元组对象的数据类型。

```
>>> type(levels)
<class 'tuple'>
```

可见，元组的类型名为 tuple。

元组的存储方式同列表类似，占用连续的内存空间。元组和列表最大的区别是，列表是可变类型，元组是不可变类型。也就是说，元组一经定义就不能改变其内容。所以，针对元组的操作相对较少。

5.4.2.2 元组的操作

对元组的基本操作包括创建、访问和删除等。可使用元组对象提供的方法、内置函数或运算符完成下列基本操作。

1. 创建元组

创建元组主要有两种方式：一是直接把一个元组对象赋给一个变量；二是使用 tuple( ) 函数将列表、range 对象、字符串等类型的数据转换为元组。例如：

```
>>> province = ('山东','江苏','浙江','广东','福建')
>>> temp = ()                          # 空元组
>>> scores = tuple([78,65,89,45])      # 列表转换为元组
>>> scores
(78, 65, 89, 45)
>>> levels = tuple(range(50,100,10))   # range 对象转换为元组
>>> levels
(50, 60, 70, 80, 90)
>>> adj = tuple("happy")               # 字符串转换为元组
>>> adj
('h', 'a', 'p', 'p', 'y')
>>> temps = tuple()                    # 创建一个空元组
>>> temps
()
```

需要注意的是，如果创建一个含一个元素的元组，最后一定要加逗号。

```
>>> nums = (70,)
>>> type(nums)
<class 'tuple'>
>>> num = (70)
>>> type(num)
<class 'int'>
```

2. 访问元组元素

元组元素的访问同列表元素一样，支持双向索引，支持切片操作。例如：

```
>>> province = ('山东','江苏','浙江','广东','福建')
>>> province[0]          # 访问一个
'山东'
>>> province[:3]         # 利用切片访问前 3 个
('山东', '江苏', '浙江')
>>> province[-3:]        # 利用切片访问后 3 个
('浙江', '广东', '福建')
```

3. 添加元素

由于元组是不可变类型的，因此元组没有提供 append()、insert()、extend() 等方法实现添加元素，不过，可以通过+、+=运算符进行添加。需要注意的是，在元组上进行的+和+=运算都不是原地操作。

```
>>> province = ('山东','江苏','浙江','广东','福建')
>>> id(province)
49866184
>>> province += ('北京','上海')
>>> id(province)
49702600
>>> province
('山东', '江苏', '浙江', '广东', '福建', '北京', '上海')
```

元组同样支持 * 运算，表示元素重复。

```
>>> levels = (50,60,70,80)
>>> levels * 2
(50, 60, 70, 80, 50, 60, 70, 80)
```

4. 删除

由于元组是不可变类型的，因此元组没有 remove() 或 pop() 方法，也无法对元组元素进行 del 操作，总之不能从元组中删除元素。

但可以使用 del 命令删除整个元组对象。例如：

```
>>> del levels
>>> levels
Traceback (most recent call last):
    File "<pyshell#37>", line 1, in <module>
        levels
NameError: name 'levels' is not defined
```

5. 查找、计数与成员判断

元组的查找、计数和成员判断操作与列表类似。使用元组对象的 index() 方法进行元素查找，使用元组对象的 count() 方法进行计数，使用 in 或 not in 运算符进行成员判断。

（1）元组对象的 index( )方法

语法格式如下。

> **T. index(value，[start，[stop]])**

功能：获取指定元素首次出现的索引，若元组对象中不存在指定元素，则抛出 ValueError 异常。

参数说明：

● value 为查找的值。

● start，stop 用于指定搜索范围。start 默认为 0，stop 默认为元组长度。

返回值：整数，表示指定元素首次出现的索引。

例如，搜索元素 30 在一个元组对象中首次出现的位置。

```
>>> grades = (40,30,60,80,30)
>>> grades. index(30)
1
>>> grades. index(100)
Traceback (most recent call last):
  File "<pyshell#40>", line 1, in <module>
    grades. index(100)
ValueError：tuple. index(x)：x not in tuple
```

（2）元组对象的 count( )方法

语法格式如下。

> **T. count(value)**

功能：获取指定元素在元组中出现的次数。

参数说明：value 为查找的值。

返回值：整数，表示指定元素在元组中出现的次数。

例如，统计指定元素 30 在一个元组对象中出现的次数。

```
>>> grades = (40,30,60,80,30)
>>> grades. count(30)
2
```

（3）使用 in 或 not in 运算符进行成员判断

判断一个元素是否在元组中，除了可以使用上述 count( )方法外，还可以使用效率更高的成员资格判断运算符 in 或 not in。例如：

```
>>> grades = (40,30,60,80,30)
>>> 30 in grades
True
>>> 100 in grades
False
>>> 30 not in grades
```

False

6. 排序与逆序

要想对元组进行排序和逆序，只能使用内置函数 sorted( ) 和 reversed( )，具体用法和列表相同。

例如：

```
>>> grades = (40,30,60,80,30)
>>> sorted(grades)
[30, 30, 40, 60, 80]
>>> grades
(40, 30, 60, 80, 30)
>>> tuple(reversed(grades))
(30, 80, 60, 30, 40)
```

7. 统计

通过内置函数 sum( )、max( )、min( ) 和 len( ) 统计元组的总和、最大值、最小值和长度。例如：

```
>>> grades =(98,67,80,79,45)
>>> sum(grades)
369
>>> max(grades)
98
>>> min(grades)
45
>>> len(grades)
5
```

小结：只要不涉及改变元素的操作，列表和元组的用法是通用的。

5.4.2.3 元组的作用

由于元组的不可变性，和列表相比，元组似乎没有什么存在的价值，但正是元组的不可变性，使元组具有独特的优点。

1）元组的速度比列表更快。如果定义了一系列常量值，而所需做的仅是对它进行遍历，那么一般使用元组而不用列表。

2）使用元组更安全。元组对不需要改变的数据进行"写保护"将使得代码更加安全。

3）同样元素的列表和元组，元组占用的内存空间要小一些。

元组特有的优点，使得元组在序列解包和函数中起到重要的作用。

1. 序列解包

Python 语言有一个很重要、很常用的功能：序列解包。序列解包指将序列（字符串、元组、列表等）直接赋值给多个变量，此时序列的各元素会被依次赋值给每个变量（一般要求序列的元素个数和变量个数相等）。如果等号右侧含有表达式，会把所有表达式的值按从左到右的顺序先计算出来，然后进行赋值。

例如：

```
>>> x,y,z = [10,20,30]          # 列表解包
>>> x
10
>>> y
20
>>> z
30
>>> x,y,z = range(3)            # range 解包
>>> x
0
>>> y
1
>>> z
2
```

序列解包使得可以同时给多个变量赋值。下列赋值方式也被允许。

```
>>> x,y,z = 10,20,30
>>> x
10
>>> y
20
>>> z
30
```

上述赋值语句其实执行了以下两个过程。

1）把 10、20、30 打包成一个元组，即 t=(10,20,30)，这个过程叫元组打包。

2）序列解包，即 x,y,z=t。

序列解包也使得交换两个变量的值可以直接写为：

```
x, y = y, x
```

上述交换语句也经历了两个过程：元组打包和序列解包。

一般要求序列的元素个数和变量个数相等，如果序列的元素个数大于变量个数，则应在其中一个变量名前加 * 号。带星号的变量会收纳剩余的多个数据，打包为列表。例如：

```
>>> x, * y=10,20,30,40
>>> x
10
>>> y
[20, 30, 40]
>>> x, * y,z=range(5)
>>> x
0
>>> y
```

```
[1, 2, 3]
>>> z
4
```

2. 元组在函数中的应用

函数在第 6 章中会正式介绍，不过，本书到目前为止已经介绍了不少内置函数。函数的返回值如果要求多个，可以以元组的形式返回。若函数的一个参数允许多个取值，也可以打包为元组。例如，在第 4 章中，字符串的 startswith( ) 和 endswith( ) 方法的第一个表示前缀或后缀的参数都可以使用字符串元组。

下面介绍两个返回值和元组相关的内置函数：enumerate( ) 和 zip( )。

（1）enumerate( ) 函数

enumerate( ) 函数的语法格式如下。

enumerate(iterable[, start])

enumerate( ) 函数枚举可迭代对象中的元素，返回迭代器类型的 enumerate 对象，每个元素都是包含索引和值的元组。起始索引由参数 start 决定，默认为 0。例如：

```
>>> list( enumerate( range( 10,16) ) )
[ (0, 10), (1, 11), (2, 12), (3, 13), (4, 14), (5, 15) ]
```

enumerate( ) 函数用在需要获得元素索引的地方。

【例 5-9】从一个表示成绩的列表中查找最高分所在的位置。最高分可能不止一个。

```
>>> grades = [90,69,95,55,95,70]
>>> high = max( grades)
>>> [ index for index,value in enumerate( grades) if value = =high]
[2, 4]
```

（2）zip( ) 函数

zip( ) 函数的语法格式如下。

zip(iter1 [,iter2 […]])

zip( ) 函数把多个可迭代对象中的元素压缩到一起，返回一个迭代器的 zip 对象，其中每个元素都是包含原来的多个可迭代对象对应位置上元素的元组（对应的元素打包为一个元组）。最终结果中包含的元素个数取决于所有参数可迭代对象中最短的那个。

例如：

```
>>> a = 1,2,3
>>> b = 10,20,30
>>> c = 100,200,300,400
>>> list( zip( a,b,c) )
[ (1, 10, 100), (2, 20, 200), (3, 30, 300) ]
```

zip( ) 函数就像所有队列左对齐，每个队列相应列的元素构成一个元组，当最短的队列耗尽则停止。

【例 5-10】将 2 个列表对应位置元素相加。

```
>>> a = [1,2,3]
>>> b = [10,20,30]
>>> [x+y for x,y in zip(a,b)]
[11, 22, 33]
```

5.4.3 案例实现

基本思想：把四句问候语按照时间顺序存储在一个元组中。因为本案例中各个时间段是均等的，都是以 6 小时为一个间隔，所以当前时间的小时数对 6 整除的结果就是对应的问候语在元组中的索引。代码如下。

```
from datetime import datetime
greetings = ("深夜还在工作,身体和你有仇吗?",
            "上午要努力工作哦,加油。",
            "下午脑子易疲劳,干点轻松的活吧。",
            "晚上了,身体需要好好休息,请关机。")
nowhour = datetime.now().hour    # 获得当前时间的小时数
index = nowhour // 6
greet = greetings[index]
print(greet)
```

说明： 关于日期和时间的相关操作请参考第 6 章中的第 6.3.2.4 节日期和时间模块。

将案例再加大一点难度，变为时间段划分不均等，具体要求如下。

0—5 点（不含 5 点）：深夜还在工作，身体和你有仇吗？

5—8 点（不含 8 点）：好好利用清晨的时间。

8—11 点（不含 11 点）：上午努力工作。

11—14 点（不含 14 点）：中午来场午休吧。

14—18 点（不含 18 点）：下午脑子易疲劳，干点轻松的活吧。

18—21 点（不含 21 点）：傍晚了，听听音乐看看书吧。

21—24 点（不含 24 点）：晚上了，身体需要好好休息，请关机。

时间段的间隔不同，如何快速确定当前时间对应的问候语在问候语元组的索引？最简便的方法是使用提供二分查找的 bisect 模块。根据时间界限点再构造一个有序的时间元组，利用 bisect 模块中的 bisect() 方法查找当前时间点将会在时间元组中插入的位置，也就是问候语在问候语元组中的索引。代码如下。

```
from datetime import datetime
from bisect import bisect
greetings = ("深夜还在工作,身体和你有仇吗?",
            "好好利用清晨的时间。",
            "上午努力工作。",
            "中午来场午休吧。",
            "下午脑子易疲劳,干点轻松的活吧。",
```

```
                    "傍晚了,听听音乐看看书吧。",
                    "晚上了,身体需要好好休息,请关机。")
        breakpoints = [5,8,11,14,18,21]
        nowhour = datetime. now( ). hour
        index = bisect( breakpoints,nowhour)
        greet = greetings[ index]
        print( greet)
```

5.5 案例16：个数统计

5.5.1 案例描述

随机产生 50 个[60,80]范围内的随机数,统计每个整数出现的次数。

分析:用什么样的数据结构表示统计结果?统计结果应该包含两部分信息,即整数和整数出现的次数。这样的两组有关联的数据最好用字典表示,本节就来介绍字典的用法。

5.5.2 相关知识

5.5.2.1 字典概述

字典也是 Python 语言提供的一种常用的数据类型,它用于存放具有映射关系的数据。例如,有一份成绩单数据,赵旭: 95 分,吕游: 80 分,秦文: 85 分,这组数据可以使用两个列表分别存储,一个列表专门用来存储姓名,另一个列表专门用来存储成绩。这两个列表的元素之间应该有一定的关联关系,但如果单纯使用两个列表来保存这组数据,则无法记录两组数据之间的关联关系。为了保存具有映射关系的数据,Python语言提供了字典,字典相当于保存了两组数据,其中一组数据是关键数据,被称为键（key）;另一组数据可通过键来访问,被称为值（value）。字典中键和值的映射关系如图 5-4 所示。

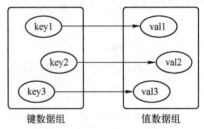

键数据组　　　　　值数据组

图 5-4　键和值的映射关系

先列出几个字典对象,例如:

```
>>> grades = {'赵旭':95,'吕游':80,'秦文':85}
>>> person = {'姓名':'赵旭','年龄':20,'专业':'计算机应用'}
```

从示例中可以看出,字典包含 n 个元素,每个元素由一组键值对构成,键和值用冒号(:)分隔,元素之间用逗号分隔,所有的元素放在一对花括号"{}"中。

字典中的键可以为任意不可变数据,如整数、实数、复数、字符串、元组等。在一个字典对象中,所有元素的键都是唯一的。

使用 type( )函数查看字典对象的数据类型。

```
>>> type( grades)
<class 'dict'>
```

可见，字典的类型名为 dict。

5.5.2.2　字典的操作

对字典的操作包括创建、访问、修改、删除等。可使用字典对象的方法或内置函数完成下列字典的基本操作。

1. 创建字典

创建字典主要有三种方式：一是直接把一个字典对象赋给一个变量；二是使用 dict() 函数创建字典；三是使用字典对象的 fromkeys() 方法创建字典。

（1）直接把一个字典对象赋给一个变量

例如：

```
>>> grades = {'赵旭':95,'吕游':80,'秦文':85}
>>> person = {'姓名':'赵旭','年龄':20,'专业':'计算机应用'}
```

（2）使用 dict() 函数创建字典

使用 dict() 函数创建字典有两种形式。

1）参数形如 "键 1＝值 1,…,键 n＝值 n"。例如：

```
>>> grades = dict(赵旭=95,吕游=80,秦文=85)
>>> grades
{'赵旭': 95, '吕游': 80, '秦文': 85}
```

2）参数形如（（键 1,值 1），…,（键 n,值 n））。例如：

```
>>> keys = ['赵旭','吕游','秦文']
>>> values = [95,80,85]
>>> grades = dict(zip(keys,values))
>>> grades
{'赵旭': 95, '吕游': 80, '秦文': 85}
```

（3）使用字典对象的 fromkeys() 方法创建字典

字典对象的 fromkeys() 方法的语法格式如下。

fromkeys(iterable, value＝None, /)

fromkeys() 方法能够创建一个以可迭代对象元素为键，值默认为空的字典。

```
>>> person = dict.fromkeys(['姓名','年龄','专业'])
>>> person
{'姓名': None, '专业': None, '年龄': None}
```

2. 访问一个元素的值

通过键获取一个元素的值有两种方式：一是以键作为下标；二是使用字典对象的 get() 方法。

（1）以键作为下标

以键作为下标读取字典元素的值，如果键不存在，则抛出异常。例如：

```
>>> grades = {'赵旭':95,'吕游':80,'秦文':85}
>>> grades['赵旭']
```

95
```
>>> grades['赵传']
Traceback (most recent call last):
    File " <pyshell#47>", line 1, in <module>
        grades['赵传']
KeyError: '赵传'
```

（2）使用字典对象的 get( )方法

字典对象的 get( )方法用来获取指定键对应的值，并且可以在键不存在的时候返回指定值。语法格式如下。

D. get(k[,d＝None])

D 代表一个字典对象，参数 k 代表键，d 表示键不存在时返回的指定值。如果 k 存在，返回 D[k]，否则返回 d。

注意： get( )方法不会向字典中添加新元素。

例如：

```
>>> grades = {'赵旭':95,'吕游':80,'秦文':85}
>>> grades. get('赵旭')    # 键存在
95
>>> grades. get('赵传')      # 键不存在
>>> grades. get('赵旭',60)
95
>>> grades. get('赵传',60)
60
>>> grades
{'吕游': 80, '秦文': 85, '赵旭': 95}
```

3. 访问所有元素的键和值

字典对象的 keys( )方法用来获取一个字典对象的所有键。语法格式如下。

D. keys( )

字典对象的 values( )方法用来获取一个字典对象的所有值。语法格式如下。

D. values( )

字典对象的 items( )方法用来获取一个字典对象的所有键值。语法格式如下。

D. items( )

例如：

```
>>> grades = {'赵旭':95,'吕游':80,'秦文':85}
>>> grades. keys( )
dict_keys(['秦文', '赵旭', '吕游'])
>>> grades. values( )
dict_values([85, 95, 80])
```

```
>>> grades. items( )
dict_items([('秦文', 85), ('赵旭', 95), ('吕游', 80)])
```

遍历字典对象的元素，代码如下。

```
>>> grades = {'赵旭':95,'吕游':80,'秦文':85}
>>> for key in grades：
        print(key)
```

```
赵旭
吕游
秦文
```

从上述代码可以看出，一般情况下，默认访问字典的键。如果访问字典的键和值，需要使用 items( )方法，代码如下。

```
>>> for key,value in grades. items( )：
        print(key,value)
```

```
赵旭 95
吕游 80
秦文 85
```

4. 添加与修改字典元素

常用的添加和修改字典元素的方法有三种：一是字典对象[键]=值；二是字典对象的 setdefault( )方法；三是字典对象的 update( )方法。

（1）字典对象[键]=值

通过"字典对象[键]=值"可以给一个字典对象添加或修改元素。如果键存在，就修改键对应的值；如果键不存在，就添加一个键值对元素。例如：

```
>>> grades = {'赵旭':95,'吕游':80,'秦文':85}
>>> grades['赵旭'] = 70
>>> grades
{'吕游': 80, '秦文': 85, '赵旭': 70}
>>> grades['陈果'] = 50
>>> grades
{'吕游': 80, '秦文': 85, '赵旭': 70, '陈果': 50}
```

这种方法可用一句话来概括"有则改之，无则加之"。

（2）字典对象的 setdefault( )方法

字典对象的 setdefault( )方法可以获取指定键的值，如果给定的键不存在，就添加一个键值对。语法格式如下。

D. setdefault(k[,d])

如果给定的键 k 存在，就返回键对应的值，否则返回 d，并且把 k：d 这个键值对添加到字典对象中。例如：

```
>>> grades = {'吕游': 80, '秦文': 85, '赵旭': 70, '陈果': 50}
>>> grades. setdefault('赵旭')        # 键存在,则访问
70
>>> grades. setdefault('赵旭',60)
70
>>> grades. setdefault('李硕',98)  # 键不存在,则添加并返回值
98
>>> grades
{'吕游': 80, '李硕': 98, '秦文': 85, '赵旭': 70, '陈果': 50}
```

（3）字典对象的 update( )方法

字典对象的 update( )方法可以将两个字典进行合并。例如：

```
>>> grades_j01 = {'吕游': 80, '秦文': 85, '赵旭': 70}
>>> grades_j02 = {'李硕': 98,'陈果': 50}
>>> grades_j01. update( grades_j02)
>>> grades_j01
{'吕游': 80, '李硕': 98, '秦文': 85, '赵旭': 70, '陈果': 50}
```

5. 删除字典（元素）

删除字典（元素）可以使用 del 命令或字典对象的 pop( )、popitem( )或 clear( )方法。

（1）del 命令

使用 del 命令可以删除整个字典对象或指定的元素。语法格式如下。

del 字典对象　　　　# 删除整个字典对象
del 字典对象[键]　　# 删除字典对象中键对应的元素

（2）字典对象的 pop( )方法

字典对象的 pop( )方法用来删除指定键对应的元素。语法格式如下。

D. pop(k[,d])

如果指定的键 k 存在，就删除指定键对应的元素，并且返回 k 对应的值；如果 k 不存在，如果提供了 d，就返回 d，否则抛出 KeyError 异常。

（3）字典对象的 popitem( )方法

字典对象的 popitem( )方法用来从字典对象中删除某一个键值对。语法格式如下。

D. popitem( )

popitem( )方法不确定会删除哪一个键值对。

（4）字典对象的 clear( )方法

字典对象的 clear( )方法用来删除字典对象中的所有元素，使之成为空字典。语法格式如下。

D. clear( )

例如：

```
>>> grades = {'吕游': 80, '李硕': 98, '秦文': 85, '赵旭': 70, '陈果': 50}
>>> grades. pop('陈果')              # 使用 pop( )方法删除
50
>>> grades
{'吕游': 80, '赵旭': 70, '秦文': 85, '李硕': 98}
>>> grades. popitem( )              # 使用 popitem( )方法删除
('吕游', 80)
>>> grades
{'赵旭': 70, '秦文': 85, '李硕': 98}
>>> del grades['秦文']              # 使用 del 命令删除
>>> grades
{'赵旭': 70, '李硕': 98}
>>> grades. clear( )              # 使用 clear( )方法删除
>>> grades
{ }
>>> del grades
>>> grades
Traceback (most recent call last):
    File "<pyshell#29>", line 1, in <module>
        grades
NameError: name 'grades' is not defined
```

5.5.3 案例实现

基本思路：用字典存储每个元素出现的次数，字典的键为整数，字典的值为整数出现的次数。一开始构造一个随机整数列表 L 和一个空字典。遍历列表中的每个整数，如果整数是字典的键，就修改值，即在原来的计数基础上加 1，如果键不存在，就往字典中添加新的键值对，值为 1。

代码如下。

```
from random import randint
nums = [randint(60,81) for i in range(50)]
feq = { }
for data in nums:
    if data in feq. keys( ):
        feq[data] = feq[data]+1
    else:
        feq[data] = 0+1
print(nums)
print(feq)
```

上述代码会区分键存在和键不存在。如何实现不区分键是否存在呢？获取键对应的值可以用字典对象的 get( )方法，键如果存在就取字典中键对应的值，键如果不存在可以设置一个默认值返回。代码可简化如下。

```
from random import randint
nums = [randint(60,81) for i in range(50)]
feq = {}
for data in nums：
    feq[data] = feq. get(data,0)+1
print(nums)
print(feq)
```

5.6 案例17：构造没有重复元素的数据集

5.6.1 案例描述

现有一组数据用来记录全体学生的生源地，形如["山东","广东","山东","湖南","广东","山东"]，据此数据构造出含不同省份的生源地名单。

分析：构造出含不同省份的生源地名单就是把原数据组中重复的数据删除，每一个数据都是唯一的。依据之前的知识，需要遍历数据中每个元素，如果当前元素的个数大于1，则删除。有没有更简便的方法？使用本节介绍的集合类型能够迅速解决此类去重问题。

5.6.2 相关知识

5.6.2.1 集合概述

在 Python 语言中，集合有两种不同的类型，可变集合和不可变集合。可变集合可以添加或删除元素，本节只讨论可变集合。

先列出几个集合对象，例如：

```
>>> grades = {78,67,99,85}
>>> types = {'A','C','B'}
```

从示例中可以看出，一个集合包含 n 个元素，元素之间用逗号分隔开，整体用一对花括号"{}"括起来。

集合有一个很明显的特点，即集合的元素是不可重复的（元素唯一）。所以，集合的典型应用场景是去重。例如：

```
>>> types = {'A','C','B','A'}
>>> types
{'C', 'B', 'A'}
```

从上述代码还能看出，集合是无序的，也就是输出的顺序和定义、添加的顺序通常是不一致的。字典的键也如此。这都是因为集合和字典都是基于 hash 表实现的。其实可以把集合看成只含键没有值的字典。

使用 type( ) 函数查看集合对象的数据类型。

```
>>> type(types)
<class 'set'>
```

可见，集合的类型名为 set。

5.6.2.2　集合的操作与运算

利用集合对象的方法能够实现集合（元素）的添加、删除操作，并且利用运算符或集合对象的方法能够实现数学意义上的集合运算。

1. 创建集合

（1）使用直接量创建集合

例如：

```
>>> grades = {78,67,99,85}
>>> types = {'A','C','B'}
```

注意： 使用直接量不能创建空集合。

（2）使用 set() 构造函数创建集合

例如：

```
>>> s = set('Python')
>>> s
{'t', 'h', 'n', 'o', 'y', 'P'}
>>> s = set(range(3))
>>> s
{0, 1, 2}
>>> s = set()
>>> s
set()
```

2. 访问集合元素

集合元素的存储是无序的，因此不能像对列表、元组等那样通过索引访问元素。只能通过成员运算符 in 或 not in 来判断元素是否在集合内或者使用 for 循环语句遍历集合。例如：

```
>>> types = {'A','C','B'}
>>> "A" in types
True
>>> "D" in types
False
>>> for data in types:
        print(data)


C
B
A
```

3. 添加、删除集合（元素）

集合对象的 add( ) 方法用于添加一个元素，update( ) 方法用于添加多个元素，discard( )、remove( ) 和 pop( ) 方法用于删除一个元素，clear( ) 方法用于删除集合中的所有元素。例如：

```
>>> s = set(['python','java','c#'])       # 创建一个集合对象 s
>>> s.add("c")                            # 使用 add( )方法增加元素
>>> s
{'python', 'java', 'c#', 'c'}
>>>s1 = set(['c++','c'])
>>> s.update(s1)                          # 使用 update( )方法添加多个元素
>>> s
{'java', 'c#', 'c++', 'python', 'c'}
>>> s.remove('c')                         # 使用 remove( )方法删除指定的元素
>>> s.discard('c#')                       # 使用 discard( )方法删除指定的元素
>>> s
{'java', 'c++', 'python'}
>>> s.pop()                               # 使用 pop( )方法随机删除一个元素
'java'
>>> s.clear()
>>> s
set()
```

4. 集合运算

Python 语言的集合类型也支持数学上的集合运算。使用运算符"｜"或集合的 union( ) 方法可以实现集合的并运算；使用运算符"&"或集合的 intersection( ) 方法可以实现集合的交运算；使用运算符"–"或集合的 difference( ) 方法可以实现集合的差运算；使用关系运算符">""<"等可以实现判断集合之间的包含关系。例如：

```
>>> s1 = set(range(5))
>>> s2 = set(range(2,7,2))
>>> s1
{0, 1, 2, 3, 4}
>>> s2
{2, 4, 6}
>>> s1 | s2                # 并运算
{0, 1, 2, 3, 4, 6}
>>> s1.intersection(s2)    # 交运算
{2, 4}
>>> s1 – s2                # 差运算
{0, 1, 3}
>>> s1 > s2                # 判断 s1 是否包含 s2
False
>>> s1 > {1,3}
True
```

5. 统计与排序

内置函数 len( )、max( )、min( )、sum( )和 sorted( )同样适用于集合。

```
>>> s = set(['python','java','c#'])
>>> sorted(s)
['c#', 'java', 'python']
>>> len(s)
3
>>> max(s)
'python'
```

5.6.3 案例实现

基本思想：把原数据组转换为集合对象。

代码如下。

```
>>> source = ["山东","广东","山东","湖南","广东","山东"]
>>> distinct = set(source)
>>> distinct
{'湖南', '广东', '山东'}
```

5.7 案例 18：编写简单的爬虫程序

5.7.1 案例描述

编写一个爬虫程序，从豆瓣读书 Top250 首页（https://book.douban.com/top250）中获取每本图书的书名、作者、出版日期、价格、评分和引语信息。具体内容如图 5-5 所示。

图 5-5 要获取的信息

分析：要编写爬虫程序，首先要获取网页数据，再从网页数据中提取出需要的数据，最后根据需要保存数据。如何获取网页数据？如何提取数据？用什么样的数据结构存储 n 本书的 m 个信息？读者可以带着这些问题来学习爬虫的基础知识。在学习爬虫前，有必要先把本章学过的数据结构梳理一下。

5.7.2　相关知识

5.7.2.1　序列、容器、可迭代对象和迭代器总结

通过前面的学习，发现列表、元组和字符串有很多相同的操作，如索引和切片操作。它们都属于序列（Sequence）数据类型。序列类型指一种包含多个顺序排列的对象的结构。除了列表、元组和字符串外，range 对象也属于序列，只不过它是懒序列（惰性序列），因为它只保存了 start、stop 和 step 值，会根据需要计算具体单项或子范围的值。

序列的通用操作包括：使用索引访问单个元素；使用切片访问特定区间的多个元素；使用 in 或 not in 运算符进行成员判断；使用"+"运算符进行拼接；使用"＊"运算符进行重复；使用 len()方法获取长度；使用 max()函数统计最大值；使用 min()函数统计最小值；使用 s.index()方法查找元素首次出现的索引；使用 s.count()方法统计元素出现的次数。

序列通用操作如表 5-3 所示。

表 5-3　序列通用操作

操　作	解　释
s[i]	s 中索引为 i 的元素
s[start:end:step]	s 中从 start 到 end、步长为 step 的切片
s.index(x[, i[, j]])	元素 x 在 s 中首次出现的索引值
s.count(x)	元素 x 在 s 中出现的次数
len(s)	序列 s 的长度
max(s)	s 中元素的最大值
min(s)	s 中元素的最小值
x (not) in s	判断 x 是否（不）在序列中
s1 + s2	s1 与 s2 拼接
s * n	s 中的每个元素依次重复 n 次

注意，range 不支持加法拼接和乘法重复，因为 range 表示的是一个等差数列，若拼接等差或重复，等差数列就被破坏了，所以不支持。

字典和集合不属于序列，它们和列表、元组是四类典型的容器类型。容器简单地说就是一种把多个元素组织在一起的数据结构，支持成员测试。

列表、元组、字典和集合这些容器类对象都支持迭代操作。简单地理解，迭代操作就是能够依次取出集合（这里泛指包含多个元素）中的每一个元素。在 Python 语言中，用 for 循环实现迭代。但事实上并不是容器提供了这种能力，而是可迭代对象赋予了容器这种能力。可迭代对象是 Python 语言中重要的概念。简单地说，可迭代对象（iterable）就是可以被迭代获取的对象，如前面学过的字符串、列表、字典等对象。严格地说，如果一个对象拥有 __iter__()方法，则是可迭代对象。__iter__()方法用于返回一个迭代器。

迭代器是一种特殊的可迭代对象，如之前见过的 zip 对象、enumerate 对象。迭代器最大的特点是不会像列表、字典等那样一次性把所有元素都加载到内存，而是需要的时候才计算并返回一个元素。这种特性就叫惰性求值（延迟计算、按需计算），这样可以大大

节省内存空间，所以很适合处理大数据量。怎么才能获取下一个元素呢？通过调用迭代器对象的__next__()方法或内置函数 next()。事实上，提供了__next__()方法的对象都称为迭代器［迭代器往往也实现了__iter__()方法］。通过不断对其调用__next__()方法或 next()函数，依次获取下一个可用的元素。迭代完最后一个数据之后，再次调用__next__()方法会抛出 StopIteration 异常。迭代器是有状态的，一旦从前到后循环遍历完一个迭代器后，它将为空。关于一个迭代器的真正实现可参考第 10.3.1 节中有关可迭代对象和迭代器的介绍。

凡是可迭代对象都可以直接用 for 循环访问，这条语句其实做了两件事：第一件事是调用可迭代对象的__iter__()方法获得一个可迭代器，第二件事是循环调用迭代器对象的__next__()方法获取下一个元素，直到遇到抛出 StopIteration 异常才结束迭代。

5.7.2.2 爬虫基础知识

1. 爬虫工作的基本步骤

网络爬虫又称网页蜘蛛，是一种按照一定的规则，自动请求万维网网站并提取网络数据的程序或脚本。这里的数据指互联网上公开的并且可以访问的网页信息。爬取数据时要遵守 Robots 协议（也称爬虫协议、机器人协议等）。Robots 协议用来告诉搜索引擎哪些页面可以抓取，哪些页面不能抓取。每个网站的 Robots 协议内容一般放在网站根目录下的 robots.txt 文件中。

爬虫的工作主要分为下面三步。

1）爬取网页数据。爬取网页数据即下载包含目标数据的网页。在这个过程中，爬虫模拟浏览器向服务器发送一个 HTTP 请求，响应成功，则接收服务器返回的响应内容中的整个网页源代码。

2）解析网页数据。爬取的网页数据一般信息量大且混乱，还需要在熟悉网页结构的前提下，根据具体需求从网页数据中解析和提取出有价值的结构化数据或新的 URL 列表。常用的解析技术有正则表达式、XPath、Beautiful Soup 和 JSONPath。

3）保存结构化数据。一般需要对经过爬取、解析后的结构化数据进行持久化存储，可以存储到文件或数据库中。

2. 利用 requests 库爬取网页数据

爬取网页数据最简便的方式是利用第三方库 requests。它是基于 Python 语言开发的 HTTP 库，它主要提供了发送请求和获取响应的功能。由于是第三方库，因此使用前需要先安装。在命令行下输入如下命令。

```
pip install requests
```

requests 库中提供了很多发送 HTTP 请求的函数，最常用的是 get()函数。get()函数的功能是向网站发送 Get 请求，并获取响应对象。get()函数最常用的语法格式如下。

```
get(url,headers=headers)
```

其中，参数 url 表示需要抓取的 URL 地址；参数 headers 表示请求报头。请求报头的作用是允许客户端向服务器端传递请求的附加信息以及客户端自身的信息。headers 中有很多内容，都以键值对的形式表示，最重要的信息就是 User-Agent。User-Agent 用于标识客户端身份，包含操作系统、浏览器及版本信息等。通过设置 headers 的 User-Agent 信息把爬虫伪装成浏览器，是应对反爬虫的基本策略之一。

网络中提供了各种常用浏览器的 User-Agent 信息，也可以使用自己的 User-Agent。获取方式为：以谷歌浏览器为例，在浏览器中选择"更多工具"→"开发者工具"命令或者在网页空白处右击，在弹出的快捷菜单中选择"检查"命令。单击"Network"，显示如图 5-6 所示的界面；接下来刷新一下网页，选择左侧窗格中"Name"中的任意一个请求，在右侧窗格的"Headers"选项卡中显示请求报头等信息，如图 5-7 所示。

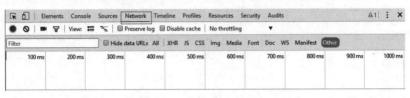

图 5-6 "Network"界面

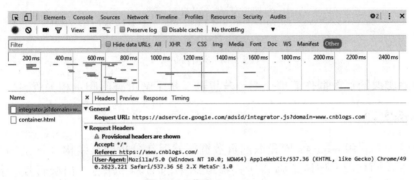

图 5-7 获取 User-Agent

get( ) 函数的返回值为包含响应信息的 Response 类的对象。Response 类的常用属性如表 5-4 所示。

表 5-4 Response 类的常用属性

属　　性	说　　明
status_code	HTTP 请求的返回状态，200 表示成功，404 表示失败
text	HTTP 响应内容的字符串形式，即 URL 对应的网页内容
encoding	从 HTTP headers 中猜测的响应内容编码方式
apparent_encoding	根据网页内容分析出的编码方式

下面示范如何爬取豆瓣电影 Top250 网站首页（https://movie. douban. com/top250）的数据，代码如下。

```
import requests
url = "https://movie. douban. com/top250"
headers = {'User-Agent'：'Mozilla/5. 0（Windows NT 10. 0；WOW64）\
                    AppleWebKit/537. 36（KHTML,like Gecko）\
                    Chrome/51. 0. 2704. 103 Safari/537. 36'}
response = requests. get( url,headers=headers)
if response. status_code == 200：
    html = response. text
```

```
            print(html)
```

运行结果为字符串形式的网页内容。由于篇幅过长，这里只截取部分，如图 5-8 所示。

```html
<!DOCTYPE html>
<html lang="zh-cmn-Hans" class="ua-windows ua-webkit">
<head>
        <meta http-equiv="Content-Type" content="text/html; charset=utf-8">
        <meta name="renderer" content="webkit">
        <meta name="referrer" content="always">
        <meta name="google-site-verification" content="ok0wCgT20tBBgo9_zat2iAcimtN4Ftf5ccsh092Xeyw" />
        <title>
豆瓣电影 Top 250
</title>

<a href="https://movie.douban.com/subject/25662329/" class="">
        <span class="title">疯狂动物城</span>
                <span class="title"> / Zootopia</span>
        <span class="other"> / 优兽大都会(港)  /  动物方城市(台)</span>
</a>
```

图 5-8　运行结果

本节只对爬取网页数据作简单介绍，若想进一步了解可查阅爬虫相关资料。

5.7.3　案例实现

基本思想：先利用 requests 库爬取网页数据，然后在分析网页结构（这是编写爬虫程序最费神的一步）的基础上使用正则表达式提取图书的书名、作者、出版日期、价格、评分和引语信息。对于每一本书的信息，使用字典结构表示；提取出的 n 本书的信息，则使用列表结构存储。

代码如下。

```python
import re
import requests

# 获得网页数据
url = "https://book.douban.com/top250"
headers = {'User-Agent': 'Mozilla/5.0 (Windows NT 10.0; WOW64) \
                        AppleWebKit/537.36 (KHTML,like Gecko) \
                        Chrome/51.0.2704.103 Safari/537.36'}
response = requests.get(url,headers=headers)
html = response.text

# 使用正则表达式解析数据
books_info = re.findall(r'<a href=.*? title="(.*?)".*? </a>.*? '
                        '<p class="pl">(.*?)</p>.*? '
                        '<span class="rating_nums">(.*?)</span>.*? '
                        '<span class="inq">(.*?)</span>',html,re.S)
books = []
for item in books_info:
```

```
book = {}
book["bookname"] = item[0]
authors = item[1].split("/")
book["author"] = authors[0]
book["pubtime"] = authors[-2]
book["price"] = authors[-1]
book["rating_nums"] = item[2]
book["quote"] = item[3]
books.append(book)


for book in books:
    print(book.values())
```

由于篇幅所限，在此只截取运行结果的前几条，如图 5-9 所示。

```
dict_values(['红楼梦', '[清] 曹雪芹 著', ' 1996-12 ', ' 59.70元', '9.6', '都云作者痴，谁解其中味？'])
dict_values(['活着', '余华', ' 2012-8-1 ', ' 20.00元', '9.4', '生的苦难与伟大'])
dict_values(['百年孤独', '[哥伦比亚] 加西亚·马尔克斯', ' 2011-6 ', ' 39.50元', '9.2', '魔幻现实主义文学代表作'])
dict_values(['1984', '[英] 乔治·奥威尔', ' 2010-4-1 ', ' 28.00', '9.3', '栗树荫下，我出卖你，你出卖我'])
dict_values(['飘', '[美国] 玛格丽特·米切尔', ' 2000-9 ', ' 40.00元', '9.3', '革命时期的爱情，随风而逝'])
dict_values(['三体全集', '刘慈欣', ' 2012-1-1 ', ' 168.00元', '9.4', '地球往事三部曲'])
dict_values(['三国演义（全二册）', '[明] 罗贯中', ' 1998-05 ', ' 39.50元', '9.2', '是非成败转头空'])
dict_values(['白夜行', '东野圭吾', ' 2013-1-1 ', ' 39.50元', '9.2', '一宗离奇命案牵出跨度近20年步步惊心的故事'])
dict_values(['福尔摩斯探案全集（上中下）', '[英] 阿·柯南道尔', ' 53.00元', '68.00元', '9.2', '名侦探的代名词'])
dict_values(['小王子', '[法] 圣埃克苏佩里', ' 2003-8 ', ' 22.00元', '9.0', '献给长成了大人的孩子们'])
dict_values(['动物农场', '[英] 乔治·奥威尔', ' 2007-3 ', ' 10.00元', '9.2', '太阳底下并无新事'])
```

图 5-9　运行结果

在学完函数和文件后，读者可以再对此代码进行改进。

小结

1. 列表（List）、元组（Tuple）和字典（Dict）是 Python 语言中内置的三种常用数据结构。

2. 列表形如 [a, b, c…]，为可变序列，支持增、删、改、查等操作。

3. 序列支持切片操作，利用切片可以访问多个位置有规律的元素。切片的区间为左闭右开 [start, end)。

4. 列表推导式是利用已知列表迅速创建新列表的一种方式。列表推导式能起到变形和过滤的作用。

5. 元组形如 (a, b, c…)，为不可变序列。

6. 序列解包使得同时能给多个变量赋值。

7. 字典以 key：value（键值对）形式保存数据，为映射类型。

8. 集合（Set）中无重复元素。

9. 简单地说，可迭代对象（iterable）就是可以被迭代获取的对象。序列、大部分容器和迭代器都属于可迭代对象。

10. 迭代器是按需产生数据，以节省内存空间。

习题

一、填空题

1. 表达式 list(range(50, 60, 3)) 的值为_____。

2. 已知 x=list(range(20)), 那么表达式 x[-1] 的值为_____。

3. 表达式 5 in [5, 6, 7] 的值为_____。

4. 已知 x=[1,5, 6, 5, 5], 执行语句 x.remove(5) 之后, x 的值为_____。

5. 已知 x=[10, 20, 30], 执行语句 x.insert(1, 40) 之后, x 的值为_____。

6. 表达式[10,20,30,20,10,10].count(10) 的值为_____。

7. 已知 x=[10, 20], 执行语句 x.extend([30]) 之后, x 的值为_____; 再执行语句 x.append([300]) 之后, x 的值为_____。

8. 已知 x=[10, 30, 20], 执行语句 x.reverse() 之后, x 的值为_____。

9. 已知 x=[10, 20, 30], 那么表达式 sum(x)/len(x) 的值为_____。

10. 已知 x=[1, 2, 3, 4, 5], 执行语句 del x[-3:] 之后, x 的值为_____。

11. 假设列表对象 aList=list(range(10)), 那么切片 aList[3:7] 的值是_____。

12. 切片操作 list(range(60,100,10))[::2] 的执行结果为_____。

13. 表达式[str(i) for i in range(3)] 的值为_____。

14. 表达式[x for x in ['python','c','c++','java','c#'] if len(x)>3] 的值为_____。

15. 表达式[index for index, value in enumerate([98,45,70,45,89]) if value==min([98,45,70,45,89])] 的值为_____。

16. 如果 x=(10), 那么表达式 x*2 的值为_____; 如果 x=(10,), 那么表达式 x*2 的值为_____。

17. 已知 x=1、y=2, 执行语句 x, y=y, x 之后, x 的值是_____。

18. 已知 grades=list(range(90,100,2)), 执行语句 x,y,z=grades[:3] 之后, 变量 z 的值为_____。

19. 字典中多个元素之间使用_____分隔开, 每个元素的键与值之间使用_____分隔开。

20. 已知 x={1:2}, 执行语句 x[2]=3 之后, x 的值为_____。

21. 已知 x={1:1, 2:2}, 执行语句 x.setdefault(2,20) 之后, len(x) 的值为_____, sum(x) 的值为_____。

22. 已知 x={i:str(i*i) for i in range(4)}, 那么表达式''.join(x.values()) 的值为_____。

23. 表达式 sorted({'j1901':50, 'j1905':95, 'j1903':70}) 的值为_____。

24. 执行语句 x,y,z=map(str, range(10,19,3)) 之后, 变量 y 的值为_____。

二、选择题

1. 关于 Python 语言的数据结构, 下面说法错误的是 (   )。

    A. 字符串、列表和元组都属于序列

    B. range 对象没有存储数列本身, 属于迭代器

    C. 列表、元组、字典和集合都算容器

D. 迭代器属于可迭代对象

2. 表达式":".join(ls)中，ls是列表类型，以下选项中对其功能的描述正确的是（　　）。

　　A. 将冒号字符串增加到列表ls中

　　B. 在列表ls每个元素后增加一个冒号

　　C. 将列表所有元素连接成一个字符串，每个元素后增加一个冒号

　　D. 将列表所有元素连接成一个字符串，元素之间增加一个冒号

3. 下面代码的执行结果是（　　）。

```
[i ** i for i in range(1,3)]
```

　　A. [1, 4]　　　　　　B. (1, 4)　　　　　　C. [1, 2]　　　　　　D. [1, 2, 3]

4. 关于Python语言的元组类型，下面说法错误的是（　　）。

　　A. 元组中元素不可以是不同类型

　　B. 元组一旦创建就不能被修改

　　C. 元组采用逗号和圆括号（可选）来表示

　　D. 一个元组可以作为另一个元组的元素，可以采用多级索引获取信息

5. 下列各项中不是元组的是（　　）。

　　A. (5)　　　　　　　B. (5,)　　　　　　C. (5, 10)　　　　　D. (5, 10, (15, 20))

6. 下列语句中不能创建字典的是（　　）。

　　A. info = {}　　　　　　　　　　　　B. info = {'a':1}

　　C. info = {[1,2,3]: "python"}　　　　D. info = {(1,2,3): "python"}

7. 给定字典d，以下选项中对d.items()的描述正确的是（　　）。

　　A. 返回一种dict_items类型，包括字典d中所有键值对

　　B. 返回一个元组类型，每个元素是一个二元元组，包括字典d中所有键值对

　　C. 返回一个列表类型，每个元素是一个二元元组，包括字典d中所有键值对

　　D. 返回一个集合类型，每个元素是一个二元元组，包括字典d中所有键值对

8. 给定字典d，以下选项中可以清空该字典并保留变量的是（　　）。

　　A. del d　　　　　　B. d.remove()　　　　C. d.pop()　　　　D. d.clear()

9. 下面代码的输出结果是（　　）。

```
d = {'a': 1, 'b': 2, 'c': 3};
temp = d.get('c',5)
print(temp)
```

　　A. 3　　　　　　　　B. {'c':3}　　　　　　C. 5　　　　　　　　D. {'c':5}

10. 已知s1={1,2,3,4,5},s2={2,4}，则 s1&s2=（　　）。

　　A. {2,4}　　　　　　B. {1,3,5}　　　　　　C. {1,2,3,4,5}　　　D. 无此运算

课后实训

1. 构造一个含n个随机成绩的列表。随机数范围为[0,100]，n自行指定。

2. 编程计算斐波那契数列的前n项。斐波那契数列为1,1,2,3,5,8,……（后一项是前

两项之和）。

3. 编写程序，将随机产生的[1,100]范围内的 n 个整数进行排序。

要求：使用冒泡和简单选择算法实现，不允许使用列表对象的 sort()方法或者内置函数 sorted()。

4. 编写程序，将表 5-5 中的 5 个样本数据进行归一化处理，即将每个数据都转化为 [0,1]区间的值。

表 5-5　题 4 表

体 质 指 数	平 均 血 压
32. 1	101
21. 6	87
30. 5	93
25. 3	84
23	101

转换公式为 newvalue=(oldvalue-min)/(max-min)，式中的最大值和最小值就是一列中的最大值和最小值。

例如，将第 3 个样本中的体质指数 30.5 进行归一化处理，找到这列的最大值 32.1，找到这列的最小值 21.6，转换为(30.5-21.6)/(32.1-21.6)。

要求：样本数据集存储为[[32.1，101]，[21.6，87]，[30.5，93]，[25.3，84]，[23，101]]。

5. 编写程序，构造一个[0,100]范围内由 50 个随机整数组成的序列，代表班级的 Python 成绩，并找出其中不及格分数所在的位置。

6. 一只小猫从 2000 年 1 月 1 日起开始三天打鱼两天晒网，编程求这只猫在以后的某一天中是"打鱼"还是"晒网"。

要求：输入 2000 年 1 月 1 日后的某一个日期（分别输入三个整数表示年、月、日，或者使用相关日期函数），输出"打鱼"或"晒网"。

提示：把 12 个月的日期数保存在一个列表中，要注意闰年的计算。

7. 给定一个表示类别标签的列表，编程统计每个类别出现的次数。

例如，对于一个类别标签列表['A','B','A','C','B','A']，类别 A 出现了 3 次，类别 B 出现了 2 次，类别 C 出现了 1 次。

8. 编写程序，已知一个字典包含若干名学生信息（姓名和性别），删除男生信息。

要求：采用两种方法实现，常规方法和使用字典推导式。

9. 现有一个包含若干名同学成绩的字典（键为姓名，值为对应的成绩），编程计算所有成绩的最高分、最低分、平均分，并查找所有最高分同学。

提示：结合使用内置函数 max()、min()、len()和字典的 items()、values()方法等；可以用推导式查找最高分同学。

10. 给定一段纯英文字符串（单词以空白字符作为分隔符），编程统计每个单词出现的次数。

11. 编写程序，从豆瓣电影 Top250 首页（https://movie.douban.com/top250）中获取每部电影的电影名、评分、评价人数和标签语。

第6章 函　　数

对于需要反复调用的代码块，一般可以把这个代码块封装为一个函数，需要的时候只需要用一条语句调用这个函数就可以了。这样既简化了代码的编写，又实现了代码的复用。从实际问题中抽取出相对独立的功能单独用函数实现是编程的一个基本功。本章除了介绍函数的定义、调用和参数等函数的基本用法之外，还介绍了函数的高级用法：闭包和装饰器。

通过本章的学习，实现下列目标。
- 掌握函数的定义和调用的语法。
- 掌握位置参数、默认参数、关键参数和可变参数的使用。
- 掌握传递参数时的序列解包的使用。
- 具备从实际问题中抽取出相对独立的功能用函数实现的思维。
- 学会在适当的场景使用 lambda 表达式。
- 掌握变量解析的 LEGB 原则。
- 了解闭包的含义。
- 掌握装饰器的作用及使用。
- 掌握日期时间的表示及不同格式的转换。

6.1　案例19：发红包

6.1.1　案例描述

微信中有一个大家都喜欢的功能：发红包。从程序设计的角度看，发红包就是在总金额和红包个数确定的情况下，计算出每个红包的金额。

分析：先不去想具体算法如何实现，而从整体上考虑程序如何设计。

这个功能一定会在多处被多次调用，且每次总金额和红包个数都可能不同。假设实现这个功能需要 n 条语句，若在每处调用处都重复写这 n 条语句，或者因为总金额和红包个数改变就重复写这 n 条语句，会显得很烦琐，也不利于后续的测试和维护。有没有一种简单的方式来实现呢？解决这个问题的有效方法就是设计函数。

6.1.2　相关知识

6.1.2.1　函数定义和调用

1. 函数的定义

函数是组织好的、可重复使用的、用来实现相对独立功能的代码段。函数能够提高应用的模块性和代码的重复利用率。

函数分为系统函数和用户自定义函数。系统函数就是内置函数或扩展库中的函数，如前面学习过的 print( ) 或 sorted( ) 函数等。如果是内置函数，则可以直接使用；如果是扩展库中的函数，则在导入包或模块后直接使用。有时，系统函数没有提供实际问题中需要的功能，因此需要自己编写函数，这就是用户自定义函数。

函数的使用包含两个步骤。

1) 定义函数：封装独立的功能。

2) 调用函数：享受封装的结果。

2. 定义函数的语法

使用用户自定义函数前必须先定义函数。在 Python 语言中，定义函数的语法格式如下。

```
def 函数名([形参列表]):
    """文档字符串,注释函数基本功能"""
    函数体
```

在 Python 语言中，使用 def 关键字定义函数，接着是空格和函数名，函数名后面紧跟一对圆括号，如果含有参数，则写在圆括号中，多个参数用逗号分隔开。圆括号后面是冒号，之后是包含在一对三引号中的注释（注释不是必需的，但添加注释是好的编程习惯）以及函数体，函数体就是函数所要实现功能的代码块。函数体相对于 def 关键字必须缩进。

【例 6-1】定义一个函数，计算 100 以内奇数的和。

```
def getsum():
    """计算 100 以内奇数的和"""
    oddsum = sum(range(1,100,2))
    print(oddsum)
```

getsum 就是自定义的函数名，这个函数体内包含两条语句，实现 100 以内奇数求和的功能。

说明： 用于数据处理的函数体内一般不包含 print 语句，此处是为了快速介绍函数定义和调用的语法。

3. 函数调用的语法

函数只有被调用时才会执行。调用函数的语法格式如下。

```
函数名([实参列表])
```

例如，调用例 6-1 的用户自定义函数的语句为：

```
getsum()
```

运行结果为：

```
2500
```

说明： 现在假设定义和调用都在一个文件内，若不在一个文件内，须用到第 9 章中有关模块的知识。

当调用函数时，就会去执行函数体内的语句。执行完函数体内的语句后，再次回到调用语句处。

单看函数调用的语法，读者能体会到使用函数的妙处吗？

从语法中可以看出，只要定义好一个函数，当需要此函数对应的功能时，只需要调用该函数即可。这使得整个代码更加简洁，增强了可读性，同时因为可以反复多次调用，提高了代码的重用性和程序的开发效率。

4. 通过参数和返回值进行数据传递

在程序开发中，有时会希望一个函数执行结束后，向调用方返回一个结果，以便调用方针对具体的结果做后续的处理。例如，在例 6-1 中，希望在调用处获得计算结果以便做后续的处理。请读者思考并试验一下，在调用函数处，能直接访问 getsum( ) 函数中的变量 oddsum 吗？下面把例 6-1 中的函数定义和调用修改一下。

```
def getsum( ):
    """计算 100 以内奇数的和"""
    oddsum = sum( range( 1,100,2 ) )
    # print( oddsum )


# 函数调用
getsum( )
print( oddsum )
```

运行结果如下。

```
Traceback ( most recent call last ):
    File "E:/textbook Python/program/chapter7 function. py", line 8, in <module>
        print( oddsum )
NameError: name 'oddsum' is not defined
```

错误提示为：变量 oddsum 没有定义。也就是说，在调用处不能访问函数内定义的变量。

函数内定义的变量为局部变量，如果读者学过其他编程语言的话，就会清楚，变量都有自己的作用域和生命周期，在函数内定义的变量为局部变量，局部变量只能在函数体内被访问。函数发生调用时，局部变量存在，调用结束时，它就消亡了，所以在一个函数外无法访问这个函数的局部变量。从这个角度来说，一个函数就像一个黑盒子。

调用方如何获得被调用函数中的数据呢？或者说，被调用函数如何向调用方传递数据呢？答案是通过返回值。返回值是函数完成工作后返回给调用方的一个结果。返回语句的语法格式如下。

return [数据]

这里的数据就是返回值，返回值可以为任何类型，包括整型、字符串、列表等，无论什么类型的数据，返回值只能有一个。

无论 return 语句出现在函数的什么位置，一旦执行 return 语句将直接结束函数的执行。如果函数没有 return 语句或者执行了不返回任何值的 return 语句，Python 语言都将认为该函数以 return None 结束，即返回空值。

调用函数时，可以使用变量来接收函数的返回结果。调用带返回值的函数的语法格式如下。

变量 = 函数名([实参列表])

函数调用结束，变量将获得返回值。

现在使用返回值改造一下例6-1的函数定义和调用。

```python
def getsum():
"""计算100以内奇数的和"""
    oddsum = sum(range(1,100,2))
    return oddsum
# 函数调用
oddsummary = getsum()
print(oddsummary)
```

运行结果显示oddsummary为2500。

被调用函数如何向调用方传递数据呢？如例6-1，现在只能计算100以内的奇数和，如果希望这个函数更具通用性，能计算指定范围内的奇数和，那就需要在调用时，调用方给被调函数传递指定范围。解决方案是使用参数。参数分为形式参数和实际参数，简称形参和实参。

形参是指定义函数时圆括号中的参数，在函数内部作为已赋过值的局部变量使用。

实参是指调用函数时圆括号中的参数，用来把数据传递到函数内部，实参有明确值。

调用函数时，会将实参的值赋给形参，所以，实参要有确定值，形参在函数内部作为已赋过值的局部变量使用。

现在使用参数改造一下例6-1的函数定义和调用。

```python
def getsum(start, end):
    """计算指定范围内的所有奇数之和"""
    oddsum = sum(range(start,end,2))
    return oddsum
# 函数调用
oddsummary = getsum(1, 100)
print(oddsummary)
```

说明：此函数定义略粗糙，假定start为奇数，end假定为偶数。

如果要计算[101,200)之间的奇数和，只需要调用时把实参变为101和200，定义函数的语句不变。调用函数的语句如下。

```python
oddsummary = getsum(101, 200)
print(oddsummary)
```

函数的参数使函数能够针对含义相同的不同数据进行相同的逻辑操作，可大大增强函数的通用性。

在Python语言中，参数有4种类型，将在后面详细介绍。

综上，调用方通过参数向被调用函数传递数据，被调函数利用返回值向调用方传递数据，过程如图6-1所示。

图6-1　数据传递过程

需要再补充一下，函数定义和调用的语法不难掌握，难的是初次接触函数时，如何从具体问题中抽取出相对独立的功能模块用函数实现，这需要读者在实践中学习、思考和体会。函数功能一旦确定，参数和返回值也就确定了。

5. 用实例说明使用函数的好处

下面用实例说明把一段具有相对独立功能的代码块封装成函数有什么好处。

【例6-2】 在很多项目中都需要实现根据给定数据集合进行词频统计的功能。如何解决这个问题？

方案1：在每个项目中需要进行词频统计的位置处都复制相同的代码块。

很显然，这样做，有以下几个弊端。

1）代码重复。

2）程序结构不清晰，可读性不强。

3）如果词频统计的代码需要修改，则必须对所有复制的代码块都做同样的修改。

方案2：定义一个词频统计的函数，在需要的地方调用它。因为每个项目中需要处理的数据集合不同，所以把数据集合作为参数，把词频统计结果作为返回值。具体实现方法如下。

函数定义如下。

```python
def staword(data):
    """词频统计"""
    strlist = data.split()    # 划分单词
    dictcount = dict()
    for word in strlist:
        dictcount[word] = dictcount.get(word,0) + 1
    return dictcount
```

函数调用如下。

```python
s = """Beautiful is better than ugly.
Explicit is better than implicit.
Simple is better than complex."""
result = staword(s)
print(result)
```

运行结果如下。

{'implicit.': 1, 'ugly.': 1, 'is': 3, 'Explicit': 1, 'than': 3, 'Simple':1, 'Beautiful': 1, 'complex.':1, 'better': 3}

很显然，这样做有以下几个好处。

1）函数可以被反复调用，提高了代码的重用性，也提高了开发效率。

2）词频统计处只需要调用函数这一条语句，使整个代码简洁，增强了可读性。

3）将词频统计代码块封装为一个相同独立的功能模块，便于后续的测试和维护。

【例6-3】 重新实现第5.1节中的案例模拟评委打分。即输入一系列整数代表若干个评委的打分，计算去掉最高分和最低分之后的平均分作为选手的最后得分。

分析：可以把这个任务分解为两个相对独立的小任务。

1）获得所有评委的打分。

2）根据计算规则，处理评委打出的分数，计算出选手的最后得分。

每个小任务都可以用一个函数来实现。函数设计如表 6-1 所示。

表 6-1　函数设计

函 数 功 能	函 数 名	参　　数	返 回 值
获得所有评委打分	getscores	n：评委个数	n 个评委的分数，列表
计算选手得分	getfianlscore	scores：评委打分	选手最后得分，整型

代码如下。

```
def getscores(n):
    """获得所有评委所打分数"""
    scores = []
    for i in range(n):
        score = int(input("请输入第{}个评委的分数:".format(i+1)))
        scores.append(score)
    return scores



def getfianlscore(scores):
    """计算选手最后得分"""
    max_score = max(scores)
    min_score = min(scores)
    scores.remove(max_score)
    scores.remove(min_score)
    avg_score = sum(scores)/len(scores)
    return (max_score, min_score, avg_score)
```

通过调用上述两个函数，完成任务。

```
num = int(input("请输入评委个数:"))
scores = getscores(num)
results = getfianlscore(scores)
print("去掉一个最高分{0},去掉一个最低分{1},最终得分为{2:.2}" \
    .format(results[0], results[1], results[2]))
```

运行结果如下。

```
请输入评委个数: 5
请输入第 1 个评委的分数: 8
请输入第 2 个评委的分数: 9
请输入第 3 个评委的分数: 7
请输入第 4 个评委的分数: 10
请输入第 5 个评委的分数: 8
去掉一个最高分 10,去掉一个最低分 7,最终得分为 8.3
```

从这个例子可以看出，使用函数的另一个好处是使代码结构清晰，可读性强。

使用函数的好处总结如下。

1）提高代码的重复利用率。

2）增强代码的可读性。

3）便于后期的测试和维护。

4）方便团队合作开发。

当然，在实际开发中，需要对函数进行良好的设计和优化才能充分发挥其优势。在编写函数时，需要遵守以下两个基本原则。

1）功能单一。一个函数仅实现一个相对独立的功能，不要设计万能的函数。

2）尽量少使用全局变量，减少不同函数之间的依赖程度。

6.1.2.2 函数的四种参数

在 Python 语言中，有四种类型的参数，分别为位置参数、默认值参数、关键字参数和可变长参数。

1. 位置参数

位置参数在定义函数时直接给定参数的名称，调用时按照参数的位置赋予参数值。位置参数是最常见的参数。因为函数调用时，每个参数的值都必须提供，一个都不能省略，所以也是必选参数。

【例6-4】根据指定的新生学号、姓名、性别和年龄，实现新生注册功能（此处仅显示新生基本信息即可）。

函数定义如下。

```
def register(id,name,gender,age):
    print("学号:{};姓名:{};性别:{},年龄:{}".format(id,name,gender,age))
```

函数调用如下。

```
register('j1900301','令狐冲','男',18)
```

注意：如果在一个函数中定义了多个位置参数，在调用时，必须按照定义的顺序依次赋值。

2. 默认值参数

默认值参数则是在定义函数时给形参提供一个默认值。调用函数的时候，如果没有给该参数赋新值，则使用默认值。也就是说，在调用函数时是否给默认值参数传递实参是可选的。带有默认值参数的函数定义语法格式如下。

def 函数名(···,形参名=默认值)：
    函数体

注意：如果位置参数和默认值参数都存在，则必须将位置参数放在默认值参数之前。

【例6-5】根据新生年龄多为18岁这一规律修改例6-4的函数定义和调用。

函数定义如下。

```
def register(id, name, gender, age=18):
```

```
print("学号:{};姓名:{};性别:{},年龄:{}".format(id, name, gender, age))
```

函数调用语句可以保持不变。

```
register('j1900301','令狐冲','男',18)
```

也可以省略年龄实参，代码如下。

```
register('j1900301','令狐冲','男')
```

从上例中可以看出，使用默认值参数最大的好处就是降低调用函数的难度。

【例6-6】若要在新生注册功能中新增专业信息，如何使原有的函数调用代码保持兼容？

解决方案：在注册函数中，将新增的专业参数设置为默认值参数。

函数定义代码修改如下。

```
def register(id,name,gender,age=18,major='大数据技术与应用'):
    print("学号:{};姓名:{};性别:{},年龄:{},专业:{}".format(id,name,gender,age,major))
```

这样原调用语句仍然可以保持不变。所以使用默认值参数还有一个作用就是给函数添加新的行为时，原有的函数调用代码保持兼容。

使用默认值参数的作用总结如下。

1）降低调用函数的难度。

2）给函数添加新的行为时，原有的函数调用代码保持兼容。

3. 关键字参数

关键字参数主要指调用函数时按照"参数名=值"的形式传递参数值，是调用函数时的参数传递方式。实参顺序可以和形参顺序不一致。所有的位置参数都可以按关键字传递。

【例6-7】使用关键字参数调用例6-6中定义的新生注册函数。

函数调用语句可以写为：

```
register(name='令狐冲',id='j1900301',age=18,gender='男')
```

也可以写为：

```
register('j1900301',gender='男',name='令狐冲')
```

从上例中可以看出，使用关键字参数调用函数时，避免了牢记参数顺序的麻烦，明确了参数值的含义。

注意：调用函数时，位置参数必须在关键字参数之前。

4. 可变长参数

可变长参数就是传入的参数个数是可变的，可以有任意多个，也可以没有。根据形参的外形特征和打包后数据结构的不同，可变长参数有两种类型：打包为元组和打包为字典。

（1）打包为元组

其特征为形参用 * args 表示（ * 是必需的，args 是约定俗成的）。

打包为元组类型的可变长参数是用 args 接收一个包装为元组形式的非关键字参数列表，

对实参的个数没有限制。

【例 6-8】根据学生姓名统计其各门课程的总分。注意每个学生选修的课程可能不同。

分析：由于每个学生选修的课程数可能不同，调用函数时传递的分值个数也不同，因此形参必须定义为一个可变长参数。

函数定义如下。

```
def gettotal(name, * args):
    total = 0
    for score in args:
        total += score
    return total
```

调用函数时，可以传递任意门课程的分数。可以这样调用：

```
total = gettotal('令狐冲',80)
print('令狐冲的总分为{}'.format(total))
```

也可以这样调用：

```
total = gettotal('令狐冲',70,75,80,90)
print('令狐冲的总分为{}'.format(total))
```

第一个实参'令狐冲'传递给了位置参数 name，其余传入的所有参数都会被 args 参数收集，合并为一个元组。

从上例中可以看出，使用可变长参数可以一次给函数传多个非关键字参数。

（2）打包为字典

其特征为形参用 ** kwargs 表示（ ** 是必需的，kwargs 是约定俗成的）。

打包为字典类型的可变长参数允许传入 0 个或任意个关键字参数，这些关键字参数在函数内部自动组成一个字典，使用 kwargs 接收字典，其中字典的键值对分别表示参数名和值。其作用是扩展函数的功能。

【例 6-9】实现一个新生注册的功能，除了学号和姓名是必填项外，其他都是可选项。

分析：因为学号和姓名是必填项，所以在函数定义中，学号和姓名定义为位置参数。其他信息虽然含义都是明确的，但调用时可能包含也可能不包含，所以调用时可以通过若干个关键字参数传递可选项，这样形参可以定义为 ** kwargs。

函数定义如下。

```
def register(id,name, ** kwargs):
    print("id:{},name:{},{}".format(id,name,kwargs))
```

函数调用如下。

```
register('j1900301','令狐冲',age=18,province='浙江')        # 调用语句不唯一
```

运行结果如下。

```
id:j1900301,name:令狐冲,{'province':'浙江', 'age':18}
```

5. 混合参数

在一个函数定义中，如果有多种类型的参数，则定义顺序为：位置参数，默认值参数，打包成元组的可变长参数，打包成字典的可变长参数。

调用时，优先匹配位置参数和默认值参数，其余的参数，如果没有名字会组成一个元组，和可变长参数 args 匹配，如果有名字会组成一个字典，和可变长参数 kwargs 匹配。

下面的代码演示了参数是如何传递的。

函数定义如下。

```
def test(a,b, * args, * * kwargs):
    print(a)
    print(b)
    print(args)
    print(kwargs)
```

函数调用如下。

```
test(1,2,3,4,5,x=10,y=20)
```

运行结果如下。

```
1
2
(3, 4, 5)
{'x': 10, 'y': 20}
```

6.1.2.3 传递参数时的序列解包

可变长参数解决了实参个数多于形参个数的问题，那形参个数可以多于实参个数吗？参数传递时，可以利用序列解包把一个集合类型实参赋值给多个单变量形参。

根据实参的集合类型不同，分为以下两种情况。

1）实参为除字典外的可迭代对象。

2）实参为字典。

对于上述第 1 种情况，实参名前必须加"*"。传递时，集合中的每一个元素对应一个位置参数。

例如，定义一个简单的函数，计算三个参数之和。

```
>>> def demo(a,b,c):
        print(a+b+c)
```

实参为一个列表、一个元组、一个字典的键和值的结果分别如下。

```
>>> seq = [1,2,3]
>>> demo( * seq)
6
>>> tup = (1,2,3)
>>> demo( * tup)
6
```

```
>>> dic = {'a':1,'b':2,'c':3}
>>> demo( * dic)
abc
>>> demo( * dic. values( ))
6
```

对于第 2 种情况，实参名前必须加 " ＊＊ "。传递时，字典的每个键值对作为一个关键字参数传递给函数。

```
>>> def demo(a,b,c):
        print(a+b+c)
>>> dic = {'a':1,'b':2,'c':3}
>>> demo( ** dic)
6
```

注意：因为字典的每个键值对作为一个关键字参数传递，所以字典的键一定要和参数名对应。例如，下面这种情况就会报错。

```
>>> dic = {'x':1,'y':2,'z':3}
>>> demo( ** dic)
Traceback (most recent call last):
    File " <pyshell#20>" , line 1, in <module>
        demo( ** dic)
TypeError：demo( ) got an unexpected keyword argument 'x'
```

6.1.2.4　与函数相关的 **Python** 语言编码规范

和函数相关的 Python 语言编码规范有下面几条。

1) 函数名应该小写，各单词之间用下画线相连。

2) 顶层函数的定义之间空 2 行。

3) 在函数中使用空行来区分逻辑段（谨慎使用）。

4) 函数定义（ "def" 这行）后面紧跟文档字符串用以说明函数的基本功能。文档字符串使用三个双引号括起来。

6.1.3　案例实现

基本思路：使用函数实现发红包功能。总金额 total 和红包个数 n 作为参数，n 个随机红包金额作为返回值，不妨使用列表保存。发红包的基本要求为至少每人得到 1 分钱，所以第 i 个人的红包金额为［1，剩余钱-还未分配的人数］范围内的随机数。

代码如下。

```
from random import randint
def redbag(total,n = 10):
    """发红包"""
    moneys = [ ]
    remained = total    # 剩下的金额
```

```
for i in range(1,n):
    allocate = randint(1,remained-(n-i))    # 给当前人分配的金额
    moneys. append(allocate)
    remained -= allocate
moneys. append(remained)
return moneys
```

```
ms = redbag(300)    # 函数调用 1
print(ms)

# 也可以这样调用
# ms = redbag(300,20)    # 函数调用 2
# print(ms)
```

运行结果如下。

[94, 38, 72, 36, 2, 8, 28, 1, 13, 8]

6.2 案例 20：统计高频词

6.2.1 案例描述

统计下面一段英文中的高频词。

And it's a design to fit over the steering wheel of most standard vehicles to track whether or not the driver has two hands on the wheel at all times. Evarts' invention warns the drivers with a light and a sound when they hold the wheel with one hand only. But as soon as they place another hand back on the wheel, the light turns back to green and the sound stops.

分析：通过前面的学习已经知道把每个单词的统计结果保存至字典中。现在需要统计高频词，就是把字典按照值进行排序。字典没有现成的排序方法，如何实现排序功能呢？要解决这个问题就要深入学习高阶函数和 sorted() 方法。

6.2.2 相关知识

6.2.2.1 lambda 表达式

在编程中，经常会遇到这样的场景：需要一个很简单的功能，且只需要用一次。为这样的功能单独定义一个函数有点不值，如何做更简洁？可使用 lambda 表达式。

lambda 表达式可以用来声明匿名函数，也就是没有函数名字的临时使用的小函数。

lambda 表达式的语法格式如下。

lambda argument_list：expression

argument_list 相当于函数中的参数列表。

lambda 表达式只可以包含一个表达式，该表达式的计算结果可以看成函数的返回值，表达式中不允许包含复合语句，但在表达式中可以调用其他函数。

例如：

```
>>> f = lambda x, y : x + y
>>> f(1,1)
2
```

在 Python 语言中，一切皆为对象，函数也是对象，并且函数是一级对象（First-Class Object）。也就是说，函数名能作为参数和返回值，函数本身也可以赋值给变量，即变量可以指向函数。所以，可以把一个 lambda 表达式赋给一个变量。

lambda 表达式可以代表一个独立的函数，所以 lambda 表达式一般出现在 map( )、filter( )、sorted( )等需要将函数作为参数的高阶函数中。

【例 6-10】实现两个个数相同的整数序列对应位置元素相加的功能。

```
>>> arr1 = range(10)
>>> arr2 = range(100,110)
>>> list(map(lambda x,y:x+y,arr1,arr2))
[100, 102, 104, 106, 108, 110, 112, 114, 116, 118]
```

【例 6-11】取出一个整数列表中的奇数。

```
>>> fib = [0,1,1,2,3,5,8,13,21,34,55]
>>> result = filter(lambda x: x % 2, fib)
>>> list(result)
[1, 1, 3, 5, 13, 21, 55]
```

6.2.2.2　指定排序规则

之前使用 sorted( )函数或列表对象的 sort( )方法时，都使用默认的排序规则：数字、字符串按照 ASCII，中文按照 Unicode 从小到大排序。可以自定义排序规则吗？答案是可以。sorted( )函数的原型如下所示。

sorted(iterable, /, * , key=None, reverse=False)

其中，参数 key 用来指定排序规则。key 接受一个单参函数，可迭代对象中每个元素传入此单参函数，返回值作为此元素的权值，按照权值大小进行排序。

【例 6-12】给定一个字符串列表，要求按照字符串的长度进行排序。

```
>>> words = ["design","to","fit","over"]
>>> sorted(words,key=len)
['to', 'fit', 'over', 'design']
```

【例 6-13】给定一个字符串列表，要求按照每个字符串的最后一个字母进行排序（如果最后一个字母是相同的，就使用倒数第二个字母，依此类推）。

```
>>> words = ["python","thin","java","simply"]
>>> sorted(words,key=lambda s:s[::-1])
['java', 'thin', 'python', 'simply']
```

【例 6-14】 给定一个表示学生成绩的字典，字典中每个键值对代表学号和成绩，要求按照成绩从高到低排序。

分析：利用字典对象的 items() 方法把每组键值对转换为一个元组，按照元组中的第二个元素进行逆序排序。

```
>>> grades = {'j190101':86,'j190102':98,'j190103':75}
>>> sorted(grades.items(),key=lambda item:item[1],reverse=True)
[('j190102', 98), ('j190101', 86), ('j190103', 75)]
```

6.2.3 案例实现

基本思路：用字典保存每个单词出现的次数。对字典按照值进行降序排序，然后利用切片取前 n 个。

代码如下。

```
def staword(sentence,n):
    """统计高频词"""
    words = sentence.split()    # 划分单词
    frequent = dict()
    for word in words:
        frequent[word] = frequent.get(word,0)+1
    result = sorted(frequent.items(),key=lambda item:item[1],reverse=True)
    return result[:n]


s="""And it's a design to fit over the steering wheel of most standard vehicles to track
whether or not the driver has two hands on the wheel at all times.
Evarts' invention warns the drivers with a light and a sound
when they hold the wheel with one hand only.
But as soon as they place another hand back on the wheel,
the light turns back to green and the sound stops. """
result = staword(s,5)
print(result)
```

运行结果如下。

```
[('the', 8), ('a', 3), ('to', 3), ('wheel', 3), ('on', 2)]
```

6.3 案例 21：增加函数计时功能

6.3.1 案例描述

假设统计高频词函数已经设计好，但是现在想给此函数添加计时的新功能，并且不改变源代码和原调用方式。

分析：应该在原函数外再包裹一层具有计时功能的代码。但具体如何实现呢？这需要用到装饰器。在学习装饰器之前，需要了解变量作用域、函数嵌套和闭包的相关知识。

6.3.2　相关知识

6.3.2.1　变量作用域

变量作用域指变量在代码中能被访问的范围。Python 变量的作用域是由变量在源代码中被赋值的位置决定的。

在 Python 语言中，变量的作用域分为 4 类。

1）L（Local）：局部作用域，一般指函数或方法内部，包含函数内定义的变量（即局部变量和形参）。

2）E（Enclosing）：嵌套作用域，即嵌套函数的外层函数内部。

3）G（Global）：全局作用域，包含模块级别定义的变量（也叫全局变量）。

4）B（Build-in）：内置作用域，包含系统固定模块里面的变量，如__name__、max 等。

搜索一个变量时，先到局部作用域中查找；如果没有找到，则到包含这个函数定义的外围（即嵌套作用域）中去查找；如果还没有找到，继续朝外查找，一直到全局作用域；如果仍然没有找到，则查找内置作用域中的内置变量。这就是 Python 变量名解析机制，有时称为 LEGB 规则。

先介绍一下局部变量和全局变量。局部变量就是在函数体中创建的变量，全局变量是在模块级别定义的变量。

不同作用域内的变量同名不受影响。来看下面这段代码。

```
i = 100                              # 创建一个全局变量

def inner( ):
    i = 5                            # 创建一个局部变量 i
    print("i={}} in inner". format(i))    # 优先访问局部变量 i

inner( )
print("i={}} in global". format(i))    # 访问全局变量 i
```

运行结果如下。

```
i = 5 in inner
i = 100 in global
```

上述代码定义了一个同名变量 i，因为它们是在不同作用域内定义的，所以互相不影响。在函数 inner( ) 内部访问变量 i 时，优先在局部作用域内查找，查找成功则结束查找，所以输出 5。当函数调用结束后，在其内部定义的局部变量会被自动删除。

在函数内部能直接访问全局变量吗？来看下面这段代码。

```
i = 100

def inner( ):
```

```
        print("i={} in inner".format(i))

    inner()
    print("i={} in global".format(i))
```

运行结果如下。

```
    i=100 in inner
    i=100 in global
```

从运行结果可以看出，在函数内部可以直接访问全局变量。在inner()函数内访问变量i时，搜索过程遵循LEGB原则，先从局部作用域内找，没有找到则继续往外找一直到全局作用域。

在函数内部能直接修改一个全局变量的值吗？试运行下面这段代码。

```
    i = 100
    def inner():
        i += 200
        print(i)


    inner()
    Traceback (most recent call last):
      File "<pyshell#12>", line 1, in <module>
        inner()
      File "<pyshell#11>", line 2, in inner
        i+=200
    UnboundLocalError: local variable 'i' referenced before assignment
```

执行出错，因为程序把变量i视为局部变量。

这是因为在Python语言中有这样一条规则：Python语言会把在函数定义体中赋值（包括修改）的不可变类型变量视为局部变量。

在函数内部，如果要创建或修改一个不可变类型的全局变量，一定要在全局变量名前使用关键字global声明。代码如下。

```
    i = 100
    def inner():
        global i                  # 使用global声明i,说明i为全局变量
        i+=200                    # 修改全局变量i的值
        print("i={} in inner".format(i))


    inner()
    print("i={} in global".format(i))
```

运行结果如下。

i = 300 in inner
i = 300 in global

6.3.2.2 函数嵌套与闭包

1. 函数嵌套

在其他编程语言中，一般不允许在函数内再定义函数，但是 Python 语言可以。将一个函数定义在另一个函数内就叫函数嵌套。例如：

```
def outer(x):
    def inner():
        return x + 1
    num = inner()
    print(num)
```

17 函数嵌套与闭包

```
outer(100)
101
```

上述代码中，函数 inner() 定义在函数 outer() 内部，inner() 函数为内部（里层，嵌套）函数，outer() 函数为外部（外层）函数。

在 Python 语言中，函数作为一级对象，函数名既能作为参数，也能作为返回值。可将上述代码修改如下

```
def outer(x):
    def inner():
        return x + 1
    return inner
```

outer() 函数的返回值为内部函数名。当调用函数 outer() 时，返回一个地址。代码和运行结果如下。

```
outer(100)
<function outer. <locals>. inner at 0x000001C149D8B598>
```

运行结果其实就代表内部函数名 inner。这里解释一下 Python 语言中函数的存储和函数名的含义。当定义一个函数时，Python 解释器会为定义的函数分配内存空间，用于存储函数的代码、使用的变量等，该内存的地址被赋值给函数名称所标识的存储单元。所以，在 Python 语言中，函数名也是一个变量，其中保存了对应函数的内存地址。如果函数名后紧跟一对圆括号，相当于要调用这个函数；如果函数名后不跟圆括号，它就只是一个函数的名字，得到的是这个函数的内存地址。明白了函数名也是一种特殊的变量，把函数名赋给一个变量就很好理解了。

要想调用内部函数，需要把外部函数的调用赋给一个变量。代码如下。

```
f = outer(100)   # outer(100)=>inner=> f
f()              # 相当于 inner()
101
```

请思考，按理说 inner( ) 函数中访问的变量 x 是 outer( ) 函数中的局部变量，调用 out( ) 函数结束后，outer( ) 函数就销毁了，x 应该也被回收了。但为什么当利用 f( ) 函数调用语句执行内部函数时还能继续访问 x 呢？这就牵扯到闭包。

2. 闭包

Python 语言支持一个称为函数闭包的特性。

闭包（Closure）就是一个特殊的内部函数，具体特殊在哪里呢？该内部函数引用了外部作用域的一些变量（注意外部作用域变量不包含全局变量），那么内部函数就被认为是闭包。

闭包的定义需要满足以下两点。

1）内部函数。

2）引用了外部作用域的变量。

严格来说，还有第 3 点：外部函数会将内部函数名作为返回值返回。因为如果没有这点，内部函数就没法调用。

闭包所引用的外部作用域变量称为自由变量。这个被引用的自由变量将和闭包一同存在，即使已经离开了创造它的环境也不例外，或者说闭包会保留定义函数时存在的自由变量的绑定。这样调用函数时，虽然自由变量的作用域不在了，但是仍能使用这些绑定。

前面代码中的内部函数 inner( ) 就是一个闭包，所以它能保留对自由变量 x 的访问。

在闭包中能直接修改自由变量的值吗？尝试运行以下代码。

```
def outer(x):
    def inner():
        x += 1
        return x
    return inner


f = outer(100)
f()
Traceback (most recent call last):
  File "<pyshell#36>", line 1, in <module>
    f()
  File "<pyshell#34>", line 3, in inner
    x + =1
UnboundLocalError: local variable 'x' referenced before assignment
```

执行出错，解释器把变量 x 视为局部变量。

如果要在闭包内重新给自由变量赋值，必须用关键字 nonlocal 声明。它的作用就是把变量标记为自由变量，即使在函数中为变量赋予了新值，也会是自由变量。

代码修改如下。

```
def outer(x):
    def inner():
        nonlocal x
```

```
        x += 1
        return x
    return inner

f = outer(100)
f()
101
```

说明：使用 global 关键字修饰的变量可以不用先创建，使用 nonlocal 关键字修饰的变量在嵌套作用域中必须先创建。

但如果在闭包中修改一个可变类型的自由变量的值，还需要使用 nonlocal 修饰吗？先看一个例子。

【例6-15】 定义一个函数，计算不断增加的系列值的平均值。例如，计算某只股票的平均收盘价，因为每天都会有新价格，所以需要考虑到目前为止的所有价格。

代码如下。

```
def make_average():
    series = []
    def average(new_value):
        series.append(new_value)
        return sum(series)/len(series)
    return average


avg = make_average()
print(avg(10))
print(avg(11))
print(avg(12))
```

运行结果如下。

```
10.0
10.5
11.0
```

此例中虽然在内部函数 average() 中修改了自由变量 series 的值，但因为 series 是可变类型，追加后 series 的地址并没有改变，所以在内部函数中不需要使用 nonlocal 声明 series。

说明：在闭包中修改一个可变类型的自由变量的值不需要使用 nonlocal 修饰。

上面代码的实现效率并不高，因为把所有值都存储在一个列表中，每次求平均值还需要计算总和，更好的方式是只存储目前的总和和个数。改进后的代码如下。

```
def make_average():
    count = 0
    total = 0
    def average(new_value):
```

```
        nonlocal count, total
        count += 1
        total += new_value
        return total/count
    return average
```

```
avg = make_average()
print(avg(10))
print(avg(11))
print(avg(12))
```

运行结果如下。

```
10.0
10.5
11.0
```

注意到第二次调用 avg() 函数时，count 和 total 的初始值是第一次调用 avg() 之后的值，也就是说，自由变量的值能在闭包中保存，自由变量的生命周期等同于闭包的生命周期。

闭包是 Python 语言中的高级特性，它最典型的应用场景是下面要介绍的装饰器。

6.3.2.3 装饰器

本案例的要求是，对于一个已设计好的函数添加计时功能，并且不能修改源代码和原调用方式。假设原函数的功能为计算 100!，代码如下。

```
def getfactorial():
    multi = 1
    for i in range(1,101):
        multi *= i
    return multi
```

试着添加计时功能，因为不能修改原函数，所以新定义一个函数，新函数中既有计时功能，也有原函数的功能，代码如下。

```
import time
def deco(fun):
    s = time.time()
    print(fun())
    e = time.time()
    print("用时{}".format(e - s))
```

虽然没有修改源代码，但显然调用方式改变了。

请读者继续思考，如果不修改调用方式，就一定要有 getfactorial() 语句，那么就需要在返回值中包含函数名，把代码写成这样：

```
def deco(fun):
    return fun
```

如果把 deco( )函数赋给一个变量，变量名和原来的函数名一样：

getfactorial = deco(getfactorial)

那么调用为：

print(getfactorial( ))

这样就和原来的函数调用方式一样，但是没有加入计时功能。考虑用嵌套函数，代码修改如下。

```
import time
def deco( fun):
    def timer( n):
        s = time. time( )
        print( fun( n) )
        e = time. time( )
        print( "用时{}". format( e - s) )
    return timer


getfactorial = deco( getfactorial)
```

调用代码如下。

getfactorial(5)

当调用 getfactorial(5)时，实际上是执行 deco( )函数的内部函数 timer( )。至此，真正实现了在不修改源代码和改变原函数调用方式的前提下增强了原函数的功能。

可以把 deco( )函数看成对原函数的装饰，这样的函数就叫装饰器（Decorator）。Python语言的装饰器本质上是一个内含嵌套函数的函数，它接收被装饰的函数作为参数，并返回一个包装过的函数。在使用装饰器时，需要在每个函数前面加上：

原函数名 = 装饰器名(原函数名)

这样做显然有些麻烦，为了让装饰的行为更加明确和优雅，Python 语言提供了一种语法糖，即使用 "@" 标识符将装饰器应用到函数，即

```
@装饰器名
def 原函数( ):
    #...
```

这种方法和前面简单地用包装方法替代原有方法是等价的。

下面用一个简单的例子完整展示装饰器的使用。首先定义一个装饰器，代码如下。

```
import time
def timer( fun):
    def deco( ):
        s = time. time( )
        fun( )
        e = time. time( )
        print( "用时{}". format( e - s) )
    return deco
```

用此装饰器装饰一个 test( )函数，代码如下。

```
@ timer
def test( ):
    print("running test...")
    time. sleep(3)
```

当调用 test( )时，代码如下。

```
test( )# A
```

运行结果如下。

```
running test...
用时 3.000094175338745
```

在代码 A 处调用被装饰的 test( )函数时，其实是运行装饰器@ timer 的内部函数 deco( )。

综上所述，装饰器是 Python 语言的一个"神器"，它的主要特性是能把被装饰的函数替换成其他函数，这样它可以在不改变一个函数的代码和调用方式的情况下给函数添加新的功能。

6.3.2.4 日期和时间模块

Python 语言提供了 3 个用于日期和时间操作的内置模块：time 模块、datetime 模块和 calendar 模块。其中，datetime 模块提供的接口更直观，更容易调用，功能也更加强大。在此仅介绍 time 模块和 datetime 模块。

1. time 模块

time 模块提供了各种和时间相关的操作。在 Python 语言中，有下列几种方式来表示时间。

1）时间戳。

2）格式化的时间字符串。

3）元组（struct_time）。

时间戳表示的是从 1970 年 1 月 1 日 00：00：00 开始按秒计算的偏移量。

元组方式是指用一个含有 9 个元素的元组表示时间。返回 struct_time 元组的函数主要有 gmtime( )、localtime( )、strptime( )。表 6-2 列出了 struct_time 元组中的元素。

表 6-2 struct_time 元组中的元素

索　引	属　　性	值
0	tm_year(年)	如 2020
1	tm_mon （月）	1~12
2	tm_mday （日）	1~31
3	tm_hour （时）	0~23
4	tm_min （分）	0~59
5	tm_sec （秒）	0~59
6	tm_wday （星期）	0~6 （0 表示周一，6 表示周日）
7	tm_yday （一年中的第几天）	1~366
8	tm_isdst （是否是夏令时）	默认为-1

表6-3列出了time模块中的常用函数。

表6-3 time模块中的常用函数

函 数 名	说　　明
time()	返回当前时间的时间戳
time.localtime([secs])	将一个时间戳转换为当前时区的struct_time。若省略secs参数，则以当前时间为准
sleep(secs)	线程推迟指定的时间运行，单位为秒
strftime(format[,t])	把一个代表时间的元组转化为格式化的时间字符串。如果未指定t，将传入time.localtime()
strptime(string[,format])	把一个格式化时间字符串转化为代表时间的元组

例如：

```
>>> import time
>>> time.time()
1577626249.1074605


>>> time.strftime("%Y-%m-%d",time.localtime())
'2019-12-29'
```

2. datetime模块

datetime模块中主要包含4个类，如表6-4所示。

表6-4 datetime模块中的主要类

类　　名	功　　能
date	日期对象，常用属性有year、month、day
time	时间对象，常用属性有hour、second、minute
datetime	日期和时间对象，日期对象和时间对象的组合
timedelta	时间间隔对象

这4个类都是不可变类型，下面依次介绍。

（1）date类

一个date对象由year（年份）、month（月份）及day（日期）三部分构成，构造函数的格式如下。

date(year, month, day)

date类的常用类属性和类方法如表6-5所示。

表6-5 date类的常用类属性和类方法

类属性/方法名	说　　明
date.max	date对象所能表示的最大日期为9999-12-31
date.min	date对象所能表示的最小日志为00001-01-01

（续）

类属性/方法名	说　　明
date. resoluation	date 对象表示的日期的最小单位为天
date. today( )	返回一个表示当前本地日期的 date 对象
date. fromtimestamp(timestamp)	根据给定的时间戳，返回一个 date 对象

date 类的常用实例属性和实例方法如表 6-6 所示。

表 6-6　date 类的常用实例属性和实例方法

实例属性/方法名	说　　明
d. year	年
d. month	月
d. day	日
d. weekday( )	返回日期对应的星期，取值范围为 [0,6]，0 表示星期一，6 表示星期日
d. isoweekday( )	返回日期对应的星期，取值范围为 [1,7]，1 表示星期一，7 表示星期日
d. isoformat( )	返回'YYYY-MM-DD'格式的日期字符串
d. strftime(format)	返回指定格式的日期字符串

date 类支持日期的加减运算，具体如表 6-7 所示。

表 6-7　date 类支持的日期运算

运　　算	说　　明
date2 = date1 + timedelta	间隔 timedelta 之后的日期
date2 = date1 - timedelta	间隔 timedelta 之前的日期
timedelta = date1 - date2	两个日期间隔的天数
data1 比较运算符 data2	对两个日期进行大小比较

例如：

```
>>> from datetime import date
>>> date. today( )
datetime. date( 2020, 1, 15)
>>> from datetime import date
>>> d1 = date. today( )
>>> d2 = date( 2020,1,24)
>>> d1. day
15
>>> d2 - d1
datetime. timedelta( 9)
```

（2）time 类

一个 time 对象由 hour（小时）、minute（分钟）、second（秒）、microsecond（毫秒）和 tzinfo 五部分组成，构造函数的格式如下。

time([hour[, minute[, second[, microsecond[, tzinfo]]]]])

time 类的常用实例属性和实例方法如表 6-8 所示。

表 6-8　time 类的常用实例属性和实例方法

实例属性/方法名	说　　明
t. hour	时
t. minute	分
t. second	秒
t. isoformat( )	返回一个'HH:MM:SS. %f格式的时间字符串
t. strftime(format)	返回指定格式的时间字符串

例如：

```
>>> from datetime import time
>>> t = time(17,6,30)
>>> t.isoformat()
'17:06:30'
```

（3）datetime 类

datetime 类继承自 date 类。

一个 datetime 对象包含 date 对象和 time 对象的所有信息。datetime 对象的构造函数格式如下。

datetime(year, month, day[, hour[, minute[, second[, microsecond[,tzinfo]]]]])

datetime 类的常用类方法如表 6-9 所示。

表 6-9　datetime 类的常用类方法

类 方 法 名	说　　明
datetime. today( )	返回一个表示当前日期和时间的 datetime 对象
datetime. now([tz])	返回指定时区日期和时间的 datetime 对象，如果不指定 tz 参数，则结果同上
datetime. combine(date, time)	把指定的 date 和 time 对象整合成一个 datetime 对象
datetime. strptime(date_str, format)	将时间字符串转换为 datetime 对象
datetime. fromtimestamp(timestamp[, tz])	根据指定的时间戳创建一个 datetime 对象
datetime. utcfromtimestamp(timestamp)	根据指定的时间戳创建一个 UTC 时间的 datetime 对象

datetime 类的常用实例属性和实例方法如表 6-10 所示。

表 6-10　datetime 类的常用实例属性和实例方法

实例属性/方法名	说　　明
dt. year, dt. month, dt. day	年，月，日
dt. hour, dt. minute, dt. second	时，分，秒

实例属性/方法名	说　明
dt. microsecond，dt. tzinfo	微秒，时区信息
dt. date( )	获取 datetime 对象对应的 date 对象
dt. time( )	获取 datetime 对象对应的 time 对象，tzinfo 为 None
dt. timetz( )	获取 datetime 对象对应的 time 对象，tzinfo 与 datetime 对象的 tzinfo 相同
dt. strftime(format)	返回指定格式的时间字符串

例如：

```
>>> from datetime import datetime
>>> dt = datetime. today( )
>>> dt. day
15
>>> dt. hour
17
>>> d = dt. date( )
>>> d
datetime. date(2020, 1, 15)
```

（4）timedelta 类

timedelta 类用来计算两个 time 对象、data 对象或 datetime 对象的差值。这个差值的单位可以是天、秒、微秒、毫秒、分钟、小时、周。

timedelta 对象的构造函数格式如下。

timedelta(days = 0, seconds = 0, microseconds = 0, milliseconds = 0, hours = 0, weeks = 0)

参数的值可以是整数或浮点数，也可以是正数或负数。内部值存储 days、seconds 和 microseconds，其他所有参数都将被转换成这 3 个单位。

timedelta 类的常用实例属性如表 6-11 所示。

表 6-11　timedelta 类的常用实例属性

实例属性名	说　明
td. days	天，取值范围为 [-999999999, 999999999]
td. seconds	秒，取值范围为 [0, 86399]
td. microseconds	微秒，取值范围为 [0, 999999]

例如：

```
>>> from datetime import date,timedelta
>>> d1 = date. today( )
>>> d1 + timedelta( days = 90)
datetime. date(2020, 4, 14)
```

Python 语言中的时间和日期格式化符号如表 6-12 所示。

表 6-12　时间和日期格式化符号

符　　号	说　　明
%y	两位数的年份表示（00~99）
%Y	四位数的年份表示（000~9999）
%m	月份（01~12）
%d	月中的一天（0~31）
%H	24 小时制小时数（0~23）
%I	12 小时制小时数（01~12）
%M	分钟数（00~59）
%S	秒（00~59）
%a	星期几的简写，如星期三为 Wed
%A	星期几的全称，如星期三为 Wednesday
%b	月份的简写，如 4 月份为 Apr
%B	月份的全称，如 4 月份为 April
%c	标准的日期和时间串，如 04/07/10 10:43:39
%j	年中的一天（001~366）
%p	本地 A. M. 或 P. M. 的等价符
%U	一年中的星期数（00~53），星期天为星期的开始
%w	星期（0~6），星期天为星期的开始
%W	一年中的星期数（00~53），星期一为星期的开始
%x	本地相应的日期表示
%X	本地相应的时间表示
%Z	当前时区的名称
%%	%符号本身

6.3.3　案例实现

基本思路：定义一个用于计时的装饰器，用此装饰器装饰统计高频词函数。

代码如下。

```
import time
def timer(fun):
    def deco(*args, **kwargs):
        s = time.time()
        result = fun(*args, **kwargs)
        e = time.time()
        print("用时{}".format(e - s))
        return result
    return deco
```

```
@ timer
def staword(sentence,n):
    """统计高频词"""
    words = sentence.split()    # 划分单词
    frequent = dict()
    for word in words:
        frequent[word] = frequent.get(word,0)+1
    result = sorted(frequent.items(),key=lambda item:item[1],reverse=True)
    return result[:n]

# 调用
sentence = '''She sells seashell by the seashore,
            the shells she sells are surely seashells,
            so if she sells shells on the seashore,Im sure she sells seashore shells.'''
result = staword(sentence,3)
print(result)
```

运行结果如下。

用时 0.0
[('sells', 4), ('she', 3), ('the', 2)]

小结

1. 把具有独立功能的代码块组织成为一个函数，以便在需要的时候调用，可提高代码的重用性并增强可读性。

2. 参数用于调用方向被调函数传递数据，返回值用于被调函数向调用方传递数据。

3. 参数分为位置参数、默认值参数、关键字参数和可变长参数。

4. 参数传递时可以利用序列解包把一个集合类型实参赋值给多个单变量形参。

5. lambda 表达式可以用来生成匿名函数，常和高阶函数一起使用。

6. 变量搜索遵循 LEGB 原则，即搜索顺序依次为局部作用域、嵌套作用域、全局作用域、内置作用域。

7. 闭包是一个定义在函数之内的内部函数，并且引用了外部作用域的自由变量。

8. 装饰器的主要特性是能把被装饰的函数替换成其他函数，这样它可以在不改变一个函数的代码和调用方式的情况下给函数添加新的功能。

习题

一、填空题

1. 在函数内部定义的变量称为_____变量；模块级别（函数外）定义的变量称为_____变量。

2. 搜索变量时，按照局部作用域、_____、_____和内建作用域顺序搜索。

3. 已知有函数定义 def demo(*p): return sum(p)，那么 demo(1, 2, 3) 的值为_____, demo(1, 2, 3, 4) 的值为_____。

4. 已知函数定义 def func(**p): return sum(p.values())，那么 func(x=1, y=2, z=3) 的值为_____。

5. 已知函数定义 def func(**p): return ''.join(sorted(p))，那么 func(x=1, y=2, z=3) 的值为_____。

6. 已知函数定义 def demo(a,b,c,d): return max(a,b,c,d)，已知 scores=[80,40,92,60]，那么 demo(*scores) 的值为_____。

7. 已知函数定义 def demo(a,b,c,d): return max(a,b,c,d)，已知 scores={'a':80, 'b':40,'c':92,'d':60}，那么 demo(*scores) 的值为_____；demo(*scores.values()) 的值为_____；demo(**scores) 的值为_____。

8. 已知 f=lambda x, y=1, z=2: x+y+z，那么表达式 f(5) 的值为_____。

9. 表达式 list(filter(lambda x: x%2==0, range(5))) 的值为_____。

10. 引用了外部函数作用域的变量的内部函数称为_____。

二、选择题

1. 下列关于函数的说法，错误的是（　　　）。
   A. 函数能够提高应用的模块性和代码的重复利用率
   B. 函数定义后需要调用才会执行
   C. 函数包含的功能越丰富越好
   D. 在不同的函数中可以使用相同的变量名

2. 以下选项中，对于函数的定义错误的是（　　　）。
   A. def func(x,y):
   B. def func(*x,y):
   C. def func(x,*y):
   D. def func(x,y=0):

3. 关于函数的参数，以下选项中描述错误的是（　　　）。
   A. 可选参数不能定义在非可选参数的前面
   B. 打包为元组的可变长形参用 *args 表示，其中 args 名称不可以更改
   C. 在定义函数时，可以设计可变数量的参数，通过在参数前增加星号（*）实现
   D. 如果有些参数有默认值，可以在定义函数时直接为这些参数指定默认值

4. 关于 Python 语言的 lambda 函数，以下选项中描述错误的是（　　　）。
   A. lambda 函数将表达式结果作为函数结果返回
   B. f=lambda x,y:x*y 执行后，f 的类型为数字类型
   C. lambda 用于定义简单的、能够在一行内表示的函数
   D. 可以使用 lambda 函数指定 sorted() 函数的排序原则

5. 关于变量作用域，以下选项中描述错误的是（　　　）。
   A. 一个变量要么是全局变量，要么是局部变量，不会既是全局变量又是局部变量
   B. 在不同的作用域不能使用相同名称的变量

C. 在函数内部修改全局变量，必须使用 global 关键字修饰

D. 在函数内部修改自由变量，必须使用 nonlocal 关键字修饰

6. 下列代码的运行结果为（　　　）。

```
def test_scope():
    variable = 100
    print(variable,end=',')
    def func():
        print(variable,end=',')
    func()
    variable = 300
test_scope()
print(variable)
```

  A. 100,300,300   B. 100,100,100   C. 100,100,300   D. 抛出异常

7. 下列关于闭包的说法中，正确的是（　　　）。

A. 闭包以函数嵌套为前提

B. 闭包所引用的外部作用域变量称为全局变量

C. 在闭包中能直接修改自由变量的值

D. 自由变量的生命周期不同于闭包的生命周期

8. 下列关于装饰器的说法中，错误的是（　　　）。

A. 装饰器本质上是一个嵌套函数

B. 装饰器可以在不改动被装饰函数的前提下，对被装饰函数的功能进行扩充

C. 在函数的前面加上@符号和装饰器名称，可以使得装饰器函数生效

D. 装饰器不能装饰带返回值的函数

课后实训

1. 编写一个函数，计算 n 个数中的最大值、最小值和平均值。提示：返回值可为元组。

2. 编写一个函数，删除列表中的指定元素。要求列表和指定的元素都为参数。

3. 编写一个函数，接收一个所有元素值都不相等的整数列表 x 和一个整数 pivot，要求将值为 pivot 的元素作为支点，将列表 x 中所有小于 pivot 的元素全部放到 pivot 的前面，所有大于 pivot 的元素都放到 pivot 的后面。

4. 编写一个函数，随机产生 n 个［start，end］范围内的随机数，统计每个元素出现的次数。要求 n、start、end 都为参数。

5. 中位数是指将数据按从大到小的顺序排列形成一个数列，居于数列中间位置的那个数据。当有奇数个数据时，中位数就是中间那个数；当有偶数个数据时，中位数就是中间两个数的平均数。编写一个函数计算 n 个整数的中位数。要求 n 个整数为参数。

6. 众数是统计学名词，一般来说，众数指一组数据中出现次数最多的数。编写一个函数计算一组给定数据的众数。

第7章 异常处理

在日常学习中，经常会遇到一些异常情况。例如，登录 QQ 时，因网络问题导致无法登录；安装程序时，因配置文件问题导致无法安装；执行程序时，因输入错误导致无法运行。在 Python 中，程序在解析器运行过程中，也经常会发生一些错误，导致程序无法执行。这些在程序解析时发现的错误称为解析错误（或语法错误）；而在程序运行过程中检测到的错误称为异常。当异常发生时，应该捕获或处理，否则程序会终止执行。

通过本章的学习，实现下列目标。
- 理解异常的概念和类型。
- 掌握异常处理的结构：try-except。
- 掌握异常的抛出与捕获方法。
- 理解带 else 子句的异常处理结构的执行流程。
- 结合实际多思考，具备在程序出现异常或错误时快速定位和解决问题的能力。

7.1 案例 22：猜数游戏

7.1.1 案例描述

模拟猜数游戏：系统随机生成一个整数，玩家最多可以猜 10 次。系统会根据玩家的猜测进行提示，如"猜大了""猜小了"或"猜对了"。玩家可以根据系统的提示，对下一次的猜测进行适当的调整。若猜对或达到规定次数后，游戏结束。

分析：先不考虑具体如何实现，首先从整体上考虑程序设计过程中可能遇到的问题。

用户在猜数字的过程中，可能会输入非数字（如大小写英文字母或特殊字符）。针对此情况，程序如何处理呢？解决这个问题的有效方法就是采用异常处理方式实现。

7.1.2 相关知识

7.1.2.1 常见异常

1. 异常概念

异常是指程序在执行过程中产生的错误。而产生错误的原因有很多，如除数为 0、下标越界、名字错误、类型错误、要打开的文件不存在等。例如：

```
>>> a = 2+'3'
Traceback (most recent call last):
    File "<pyshell#0>", line 1, in <module>
        a = 2+'3'
TypeError: unsupported operand type(s) for +: 'int' and 'str'
```

执行出错，产生了一个异常，由于程序没有做任何处理，导致程序终止运行。上述提示信息包含了异常发生的行号、异常类型和异常原因。上例中，错误的行号是第 1 行，错误类型为 TypeError，错误原因是 unsupported operand type(s) for +: 'int' and 'str'。这些提示信息能够帮助用户快速定位问题，以便能高效地解决问题。

2. 常见异常

当程序在执行的过程中遇到错误时，就会抛出异常。如果这个异常没有被处理和捕获，程序就会采用回溯（Traceback）方法终止执行。

在 Python 语言中提供了很多异常类。Exception 是常规错误的基类。下面列举几个比较常见的异常子类。

（1）NameError

尝试访问一个未声明的变量，会引发 NameError 异常。例如，直接输出变量 a 的值。

```
>>> print(a)
Traceback (most recent call last):
  File "<pyshell#0>", line 1, in <module>
    print(a)
NameError: name 'a' is not defined
```

执行出错，上述信息表明解释器在任何命名空间里都没有找到名为 a 的对象。

（2）ZeroDivisionError

当除数为零时，会引发 ZeroDivisionError 异常。例如，一个数与零相除。

```
>>> a = 15/0
Traceback (most recent call last):
  File "<pyshell#0>", line 1, in <module>
    a=15/0
ZeroDivisionError: division by zero
```

执行出错，上述信息表明任何数值被零整除都会导致 ZeroDivisionError 异常发生。

（3）ValueError

将非数值型字符串转换为十进制整数时，会引发 ValueError 异常。例如，把字符 a 转换为十进制整数。

```
>>> x = int("a")
Traceback (most recent call last):
  File "<pyshell#0>", line 1, in <module>
    x=int("a")
ValueError: invalid literal for int() with base 10: 'a'
```

执行出错，上述信息表明非数值型字符 a 无法转换为十进制整数。因此，int() 函数对非数值型字符不起作用。

（4）IndexError

在序列中引用不存在的索引时，会引发 IndexError 异常。例如，test_list 列表中有 3 个元素，试图使用索引 3 访问列表元素。

```
>>> test_list = [3,5,7]
>>> print(test_list[3])
Traceback (most recent call last):
    File "<pyshell#1>", line 1, in <module>
        print(test_list[3])
IndexError: list index out of range
```

执行出错，上述信息表明列表的索引值超出范围。

（5）KeyError

当使用字典中不存在的键名访问键值时，会引发 KeyError 异常。例如，test_dict 字典中只有 name 和 age 两个键名，获取 tel 键名对应的值。

```
>>> test_dict = {"name":"Lily","age":18}
>>> print(test_dict["tel"])
Traceback (most recent call last):
    File "<pyshell#1>", line 1, in <module>
        print(test_dict["tel"])
KeyError: 'tel'
```

18 异常处理：
try-except 的
常见结构

执行出错，上述信息表明 test_dict 字典中没有键名 tel。

7.1.2.2 异常处理：try-except 的常见结构

1. try…except…

Python 异常处理结构中，最基本的结构是 try…except…结构。其中，try 子句用于检测/监控异常，而 except 子句用于捕获、处理异常。该结构的语法格式如下。

```
try:
    # 有可能引发异常的代码
except[异常类[as 异常对象]]:
    # 捕获异常处理的代码
```

当 try 子句中的某条语句出现错误时，程序就不再继续执行 try 中未执行的语句，而是直接执行 except 子句中的语句。

【例 7-1】要求用户必须输入数字，同时对可能出现的异常进行处理。

代码如下。

```
while True:
    x = input("请输入:")
    try:
        x = int(x)
        print("您输入的数为%d"%x)
        break
    except ValueError:
        print("错误:输入的为非数值型。")
```

在例 7-1 中，input( )函数接收用户输入的内容，当输入的内容为非数值型时，程序会引发 ValueError 异常。此时，except 子句就会捕获到这个异常，并将异常信息显示出来。

运行结果如下。

```
请输入:a
错误:输入的为非数值型。
请输入:90
您输入的数为 90
```

从运行结果可以看出，程序产生异常时，不会再出现终止程序的情况，而是按照设定的消息提醒用户。

【例 7-2】将例 7-1 的代码进行改写，显示系统反馈的错误消息。

代码如下。

```
while True:
    x = input("请输入:")
    try:
        x = int(x)
        print("您输入的数为%d"%x)
        break
    except ValueError as reason:
        print("错误:输入的为非数值型。原因是:", str(reason))
```

运行结果如下。

```
请输入:t
错误:输入的为非数值型。原因是: invalid literal for int( ) with base 10: 't'
请输入:98
您输入的数为 98
```

从运行结果可以看出，程序产生异常时会将具体的错误原因显示出来。

编程时，某段代码可能会出现多种异常，可以为所有可能出现的异常编写它们对应的异常处理代码，即可以针对不同异常设置多个 except 子句。

【例 7-3】编写程序实现求任意两个整数的商，使用 try...except...语句捕获可能出现的异常。

代码如下。

```
try:
    x = int(input("请输入被除数:"))
    y = int(input("请输入除数:"))
    k = x / y
    print("商为:", k)
except ValueError as e:
    print("ValueError,原因:", e)
except ZeroDivisionError as msg:
```

```
print("ZeroDivisionError,原因:", msg)
```

由于该程序可能出现两种异常，ValueError 和 ZeroDivisionError。于是，上述代码就用了两个 except 子句捕获产生的异常。

有时，要对多个异常统一处理。其方法是在 except 后面跟多个异常，然后对这些异常进行统一处理。将例 7-3 的代码修改如下。

```
try:
    x = int(input("请输入被除数:"))
    y = int(input("请输入除数:"))
    k = x / y
    print("商为:", k)
except (ValueError, ZeroDivisionError) as e:
    print("异常原因:", e)
```

建议：except 子句应按照由细到粗的顺序排列，即首先捕捉和处理精准的异常，把所有能想到的异常都处理完之后，为了防止遗漏了某个异常，最后增加一个不带任何异常类型的 except 子句或者捕捉异常基类 Exception 的 except 子句。

2. try…except…else…

带有 else 子句的异常处理结果可以看成一种特殊的选择结构。如果 try 中的代码抛出了异常并且被某个 except 子句捕获，则执行相应的异常处理代码，在这种情况下不会执行 else 子句的代码；如果 try 中的代码没有抛出异常，则执行 else 子句的代码。该结构的语法格式如下。

```
try:
    # 可能引发异常的代码
except:
    # 捕获异常处理的代码
else:
    # 若 try 子句中的代码没有引发异常,就执行这里的代码
```

注意：else 子句的存在以 except 子句的存在为前提。

例如，将例 7-1 的代码修改如下，

```
while True:
    x = input("请输入:")
    try:
        x = int(x)
    except:
        print("错误:输入的为非数值型。")
    else:
        print("您输入的数为%d" % x)
        break
```

执行程序，输入 12 时，运行结果如下。

请输入:12

您输入的数为 12

上述运行结果表明,当输入数值型数据时,程序没有引发异常,不执行 except 子句,执行 else 子句。

再次执行程序,输入 a 时,运行结果如下。

请输入:a

错误:输入的为非数值型。

请输入:

上述运行结果表明,当输入非数值型数据时,程序引发异常,不执行 else 子句,执行 except 子句,并提示重新输入。

3. try…except…finally…

在这种结构中,无论 try 子句中的代码是否发生异常,也不管抛出的异常有没有被 except 子句捕获,finally 子句中的代码都会被执行。因此,finally 子句的代码常用来做一些清理工作以释放 try 子句申请的资源。该结构的语法格式如下。

```
try:
    # 可能引发异常的代码
[except:
    # 捕获异常处理的代码]
finally:
    # 无论 try 子句中的代码是否引发异常,都会执行这里的代码
```

说明:在这种结构中,except 子句可以省略。

【例 7-4】分析下面的代码中,哪些语句由于异常的发生而没有被执行。

代码如下。

```
try:
    f = open("test. txt")    # 这是一个存在的文件
    print(f. read())
    sum1 = 5 + "6"
    f. close()
    print("关闭文件")
except:
    print("出错啦~")
```

上述程序执行到语句 sum1 = 5 +" 6" 时抛出异常,导致 f. close() 语句未执行,文件 test. txt 未关闭,但希望在程序退出前关闭文件。

修改后的代码如下。

```
try:
    f = open("test. txt")    # 这是一个存在的文件
    print(f. read())
    sum1 = 5 + "6"
```

```
except:
    print("出错啦~")
finally:
    f.close()
    print("关闭文件")
```

无论是否发生异常，程序执行的最后一步总是执行 finally 子句的代码块。

7.1.3　案例实现

基本思路：首先采用 random 模块中的 randint( )函数产生 1~100 之间的随机数，并设定猜测次数（本案例中设定的是 10 次）；然后系统会根据玩家的猜测进行提示（如猜大了、猜小了、猜对了），玩家可以根据系统提示对下一次的猜测进行适当的调整；同时，使用 try …except…else…语句进行异常处理，其中，try 子句用于检测异常，except 子句用于捕获并处理异常，else 子句用于判断猜测结果。如果猜对，则提示"恭喜您，猜对了!"并提前结束游戏；如果次数用完仍没有猜对，提示游戏结束并给出正确答案。

代码如下。

```
from random import randint

def guess_num(max_num):
    """
    猜数游戏,使用 try...except...else...处理异常
    :param max_num: 最大猜测次数
    :return: None
    """
    value = randint(1, 100)
    for i in range(max_num):
        prompt = "开始猜:" if i == 0 else "继续猜:"
        try:
            x = int(input(prompt))
        except:
            print("必须输入数字")
        else:
            if x > value:
                print("猜大了!")
            elif x < value:
                print("猜小了!")
            else:
                print("恭喜您,猜对了!")
                break
    else:
        print("很遗憾,次数用完,游戏结束! 随机数为:%d" % value)
```

```
guess_num(10)    # 调用猜数函数
```

运行结果如下。

```
开始猜:50
猜小了!
继续猜:75
猜大了!
继续猜:a
必须输入数字
继续猜:62
猜小了!
继续猜:70
猜小了!
继续猜:73
猜大了!
继续猜:72
恭喜您,猜对了!
```

注意：本案例中使用了 else 的三种用法，if…elif…else…语句中的 else 子句实现判断猜测结果，for…else…语句中的 else 子句用于处理次数用完的情况，try…except…else…语句中的 else 子句用于处理未捕获到异常的情况。

7.2 案例 23：限定范围的猜数

7.2.1 案例描述

模拟猜数游戏：实现限定任意范围的猜数功能。

分析：前面的猜数游戏程序中的异常是由系统自动抛出的，程序中的异常还可以由程序员主动抛出。这种功能如何实现呢？要实现这个功能就需要深入学习 raise 语句和 assert 语句。

7.2.2 相关知识

7.2.2.1 raise 语句

根据程序逻辑的处理要求，有时需要人为地抛出异常，如输入的年龄不能小于 0 等。要在程序中主动抛出异常，可以使用 raise 语句。该语句的使用方式大致可分为 3 种。

1. 使用异常类名引发异常

在 raise 语句后添加具体的异常类，其语法格式如下。

```
raise 异常类名[(异常类指定的描述信息)]
```

当 raise 语句指定异常类名时，会自动创建该异常类的对象，然后引发异常。例如：

```
>>> raise ValueError
Traceback (most recent call last):
    File "<pyshell#0>", line 1, in <module>
        raise ValueError
ValueError
```

注意：如果不能确定要抛出的异常类别，可以使用 Exception 基类代替。

2. 使用异常类对象引发异常

使用异常类对象引发相应异常，其语法格式如下。

```
raise 异常类对象
```

例如：

```
>>> value_error = ValueError()
>>> raise value_error
Traceback (most recent call last):
    File "<pyshell#1>", line 1, in <module>
        raise value_error
ValueError
```

3. 异常引发异常

仅使用 raise 关键字可以重新引发刚才发生的异常，其语法格式如下。

```
raise
```

例如，实现两个数相加的运算。

```
try:
    x = 5 + "8"
except TypeError as reason:
    raise
```

运行结果如下。

```
Traceback (most recent call last):
    File "D:/第 7 章 异常处理/chapter7_function/异常 . py", line 2, in <module>
x = 5+"8"
TypeError: unsupported operand type(s) for +: 'int' and 'str'
```

执行上述程序时，由于 try 子句中两个操作数的类型不一致，导致程序捕获到 TypeError 异常，进而执行 except 子句。由于 except 子句中指定了 TypeError 异常处理，因此 except 子句中的代码被执行，代码中使用 raise 语句引发刚才捕获的 TypeError 异常。

下面通过一个完整的实例演示 raise 语句的使用。

【例 7-5】 判断输入的年龄是否在 0~100 之间，若不在该范围内，则抛出异常。

代码如下。

```
try:
```

```
        age = input("请输入年龄:")
        age = int(age)
        if age < 0 or age > 100:
            raise Exception("年龄的值不合法!")
    except Exception as msg:
        print(str(msg))
    finally:
        print("结束程序")
```

运行结果如下。

```
请输入年龄:110
年龄的值不合法!
结束程序
```

上述代码中,当输入的年龄超出 0~100 时,使用 raise 语句强制抛出异常。在这里因为不确定抛出异常的类别,所以采用 Exception 基类代替。

7.2.2.2 assert 语句

assert 语句又称断言,是指期望用户满足指定的条件,若条件不满足时,就会抛出 AssertionError 异常。其语法格式如下。

```
assert 表达式[, data]
```

说明:表达式就相当于条件;data 通常是一个字符串,当条件为 False 时作为异常的描述信息。当表达式为 True 时,什么都不做;当表达式为 False 时,抛出异常。

assert 可以作为有条件的 raise 语句,逻辑上等同于:

```
if not 表达式:
    raise AssertionError(data)
```

例如,要求居民身份证号的长度必须为 18 位,可以采用断言进行处理。

```
>>> id_num = input("请输入身份证号码:")
请输入身份证号码:37283220200202865
>>> assertlen(id_num) == 18,"身份证号长度必须为 18 位"
Traceback (most recent call last):
    File "<pyshell#1>", line 1, in <module>
        assert len(id_num)==18,"身份证号长度必须为 18 位"
AssertionError:身份证号长度必须为 18 位
```

上述代码中,len(id_num)==18 就是 assert 语句要断言的条件表达式,"身份证号长度必须为 18 位"是断言的异常描述信息。在程序运行时,因为输入的身份证号位数不等于 18,表达式的值为 False,所以抛出 AssertionError 异常。

assert 语句一般适用于对是否满足特定条件进行验证。

7.2.3 案例实现

基本思路:程序导入 random 模块,以便能够使用 random. randint() 函数生成一个任意指定范围内的随机整数，玩家最多可以猜 10 次。本案例设定在 ［200,300）区间内随机生成一个整数，存储在变量 value 中；然后判断用户所猜的数字是否在 ［200,300）区间内，如果不在指定区间内，则根据提示继续猜数；否则，判断猜测结果，当玩家猜的数字与随机生成的数字不相等时，使用 raise 语句或 assert 语句给出提示信息，如果猜对，则提前结束游戏；如果规定次数已用完，游戏结束并给出正确答案。

代码如下。

方法一：使用 raise 语句抛出异常。

```python
import random

def guess_number(start_val, stop_val, max_time):
    """
    随机生成[start_val,stop_val)区间的整数,使用 raise 语句提示未猜对的信息,同时捕获异常。
    :param start_val: 范围的下限
    :param stop_val: 范围的上限
    :param max_time: 最大猜测次数
    :return: None
    """
    value = random.randint(start_val, stop_val)    # 随机生成 start_val 到 stop_val 间的整数
    for i in range(max_time):
        try:
            prompt = "开始猜" if i == 0 else "继续猜"
            input_value = int(input("%s, 输入[%d,%d)的整数:" % (prompt, start_val, stop_val)))
            if input_value < start_value or input_value > stop_value:
                print("所猜数字不在指定范围,请重新输入!")
                continue
            if input_value > value:
                raise Exception("猜大了!")
            if input_value < value:
                raise Exception("猜小了!")
            print("恭喜您,猜对了!")
            break
        except Exception as e:
            print(e)
    else:
        print("很遗憾,次数用完,游戏结束! 随机数为:%d" % value)


start_value = 200
stop_value = 300
max_times = 10
guess_number(start_value, stop_value, max_times)
```

运行结果如下。

开始猜，输入[200,300)的整数:180
所猜数字不在指定范围,请重新输入!
继续猜，输入[200,300)的整数:256
猜小了!
继续猜，输入[200,300)的整数:275
猜大了!
继续猜，输入[200,300)的整数:260
猜小了!
继续猜，输入[200,300)的整数:270
猜大了!
继续猜，输入[200,300)的整数:265
猜小了!
继续猜，输入[200,300)的整数:268
恭喜您,猜对了!

方法二：使用 assert 语句引发断言异常。

```python
import random

def guess_number(start_val, stop_val, max_time):
    """
    随机生成[start_val,stop_val)区间的整数,使用 assert 语句提示未猜对的信息,同时捕获异常。
    :param start_val: 范围的下限
    :param stop_val: 范围的上限
    :param max_time: 最大猜测次数
    :return: None
    """
    value = random.randint(start_val, stop_val)    # 随机生成[start_val,stop_val)区间的整数
    for i in range(max_time):
        try:
            prompt = "开始猜" if i == 0 else "继续猜"
            input_value = int(input("%s, 输入[%d,%d)的整数:" % (prompt, start_val, stop_val)))
            if input_value < start_value or input_value > stop_value:
                print("所猜数字不在指定范围,请重新输入!")
                continue
            if input_value == value:
                print("恭喜您,猜对了!")
                break
            assert input_value > value, "猜小了!"
            assert input_value < value, "猜大了!"
        except (Exception, AssertionError) as e:
```

```
            print(e)
    else:
        print("很遗憾,次数用完,游戏结束! 随机数为:%d" % value)


    start_value = 200
    stop_value = 300
    stop_time = 10
    guess_number(start_value, stop_value, stop_time)
```

运行结果如下。

```
开始猜, 输入[200,300)的整数:268
猜大了!
继续猜, 输入[200,300)的整数:256
猜大了!
继续猜, 输入[200,300)的整数:230
猜大了!
继续猜, 输入[200,300)的整数:220
猜大了!
继续猜, 输入[200,300)的整数:210
猜小了!
继续猜, 输入[200,300)的整数:215
猜小了!
继续猜, 输入[200,300)的整数:219
恭喜您,猜对了!
```

小结

1. 异常处理结构可以提高程序的容错性和健壮性。

2. 异常处理结构中主要的关键字有 try、except、else 和 finally。若它们同时出现, 其顺序必须是 try→except→else→finally, 即所有的 except 子句必须在 else 子句和 finally 子句之前, else 子句必须在 finally 子句之前。

3. 使用 try-except 语句捕获并处理异常, 使用 raise 语句抛出异常, assert 语句一般用于对程序某个时刻必须满足的条件进行验证。

习题

一、填空题

1. Python 语言中所有异常的基类是_____。

2. 在序列中引用不存在的_____时, 会引发 IndexError 异常。

3. Python 语言中使用 try...except...语句处理异常时, _____子句用于检测异常, __

_____子句用于捕获异常。

4. 不管 try…except…finally…语句是否捕获到异常，_____子句中的代码一定会执行。

5. 当约束条件不满足时，_____语句会触发 AssertionError 异常。

二、选择题

1. 下列选项中，（   ）是唯一不在运行时产生的异常。

    A. NameError   B. KeyError   C. ValueError   D. SyntaxError

2. 当 try 子句中没有任何错误信息时，一定不执行（   ）子句。

    A. try   B. except   C. finally   D. else

3. 下列选项中，用于触发异常的是（   ）子句。

    A. raise   B. try   C. except   D. catch

4. 下列选项中，Python 语言能正常启动（   ）。

    A. 拼写错误   B. 错误表达式   C. 缩进错误   D. 手动抛出异常

5. 下列关于异常的说法，正确的是（   ）。

    A. 程序中抛出异常一定终止程序   B. 程序中抛出异常不一定终止程序

    C. 拼写错误会导致程序终止   D. 缩进错误会导致程序终止

6. 对于下列程序段描述错误的是（   ）。

```
try:
    # 语句块 1
except IndexError as reason：
    # 语句块 2
```

    A. 该程序对异常进行了处理，但一定不会终止程序

    B. 该程序对异常进行了处理，但可能会因异常引发终止

    C. 如果语句块 1 抛出 IndexError 异常，不会因为异常终止程序

    D. 语句块 2 不一定会被执行

7. 下列说法错误的是（   ）。

    A. 程序一旦遇到异常便会终止运行

    B. try 子句用于捕获异常

    C. 一个 except 子句可以处理捕获的多个异常

    D. 程序发生异常后默认返回的信息包括异常发生的行号、异常类型和异常原因

8. 在完整的异常语句中，语句出现的顺序正确的是（   ）。

    A. try→except→finally→else   B. try→else→except→finally

    C. try→except→else→finally   D. try→except→finally→else

9. 执行下列程序，若输入的是 9m，则程序的运行结果是（   ）。

```
try:
    num = int(input("请输入数字："))
    print("num:", num)
except Exception as reason：
    print("打印异常详情信息:", reason)
else:
```

```
        print("程序没有异常")
    finally:  # 关闭资源
        print("finally")
print("end")
```

A. number:9
   打印异常详情信:invalid literal for int() with base 10:
   finally
   end

B. 打印异常详情信息:invalid literal for int() with base 10: '9m'
   finally
   end

C. number:9
   程序没有异常
   finally
   end

D. 以上都是错误的

10. 下列关于 assert 语句的说法,错误的是 (　　　)。
   A. assert 语句又称断言,是指期望用户满足的条件
   B. assert 一般适用于对是否满足特定条件进行验证
   C. 若约束条件不满足,会抛出 AssertionError 异常
   D. 若约束条件满足,会抛出 AssertionError 异常

三、简答题

1. 简述什么是异常。
2. 简述异常处理方式有哪些。
3. 简述 try-except 语句的用法与作用。

课后实训

1. 找出以下代码中可能抛出异常的语句及异常类型,并编写代码捕获异常。

```
x = float(input("请输入被除数:"))
y = float(input("请输入除数:"))
print("商为:", x/y)
```

2. 编写一个函数,实现输入一个有效的时间,并显示该时间。
要求:设置时间格式为 h:m:s,输入时保证输入的 h、m、s 的值有效,否则抛出异常。
3. 输入某位学生的成绩,把该学生的成绩转换为 "A 优秀" "B 良好" "C 合格" "D 不及格" 的形式,最后将该学生的成绩打印出来。
要求:使用 assert 语句处理输入分数不合法的情况。

第8章 文件操作

在程序运行时，产生的临时数据用变量存储。当程序结束后，所产生的数据也会随之消失。如果需要长期保存程序运行所需的原始数据或程序运行产生的结果，就必须将数据以文件的形式存储到外部存储介质（如磁盘、U 盘等）或云盘中，以便重复使用、修改和共享。而在实际生活中，漂亮的自拍图片、喜欢的音乐、爱看的视频等也都是以文件的形式存储的。因此，文件操作在各类应用软件的开发中均占有重要地位。

通过本章的学习，实现下列目标。

- 了解文件的概念。
- 掌握文件的打开和关闭操作及文件访问模式。
- 掌握文本文件的读写操作。
- 学会使用上下文管理器打开文件。
- 学会利用 os 与 os. path 模块进行文件和文件夹级别的相关操作。

8.1 案例 24：英语四级真题的词频统计

8.1.1 案例描述

多套英语四级真题分别存储在不同的文本文件中，逐个读取文件的内容，统计每个单词出现的次数，按降序排列后再写入文件 words_num. txt。通过分析，可以评估出高频词汇，有助于学生掌握英语四级单词。

分析：通过前面所学知识，可使用字典保存每个单词的出现次数，并利用 sorted 方法把字典按照值进行降序排列。而关键问题在于如何实现打开文件、读取内容、将统计结果写入文件。这需要用到对文件操作的知识。

8.1.2 相关知识

8.1.2.1 打开和关闭文件操作

文件的操作流程基本都是一致的，首先打开文件并创建文件对象，然后对文件进行读写等操作，最后关闭并保存文件。同样，在 Python 中操作文件的流程也是类似的。

1. 打开文件

Python 内置了文件对象，使用 open( )函数即可按指定模式打开指定文件并创建文件对象。其语法格式如下

open(file, mode = "r", buffering = −1, encoding = None, errors = None, newline = None, closefd = True, opener = None)

部分参数说明如下。

- file 参数指定被打开的文件名称。
- mode 参数指定打开文件后的处理方式，即文件访问模式。常用的文件访问模式有 r、w、a、b、+，默认的文件访问模式为只读，详见表 8-1。
- buffering 参数指定读写文件的缓存模式。0 表示不缓存，1 表示缓存，大于 1 则表示缓冲区的大小，默认值是 1。
- encoding 参数指定对文本进行编码和解码的方式，只适用于文本模式，可以使用 Python 语言支持的任何格式，如 GBK、UTF8、CP936 等。默认编码方式和平台有关，中文 Windows 平台的默认编码方式为 CP936。

如果执行正常，open( ) 函数返回一个文件对象，通过该文件对象可以对文件进行操作。如果指定文件不存在、磁盘空间不足或其他原因导致创建文件对象失败，则抛出异常。

例如，在当前目录下以只读的方式打开一个名为 data. txt 的文件（该文件存在）。

```
>>> file = open("data. txt", "r")
```

表 8-1　文件访问模式

访问模式	说　　明
r	读模式（默认模式，可省略）。若文件存在，文件指针位于文件开头；若文件不存在，则抛出异常
w	写模式。若文件存在，则覆盖文件原有内容；若文件不存在，则创建该文件并写入内容
a	追加模式。若文件存在，则文件指针位于文件末尾，在末尾追加内容（不覆盖文件中原有内容）；若文件不存在，则创建该文件
b	二进制模式。可与其他模式组合使用，如 rb、wb、ab
+	读写模式，可与其他模式组合使用，如 r+、w+、a+、rb+、wb+、ab+

2. 关闭文件

对文件内容操作完之后，一定要关闭文件以释放资源，并且所做的任何修改都得到保存。在 Python 语言中，使用 close( ) 函数关闭文件。该函数没有参数，可直接调用。

例如，关闭上面打开的 data. txt 文件。

```
>>> file. close( )
```

有时，即使写了关闭文件的代码，也无法保证一定能够正常关闭文件。例如，如果在打开文件后和关闭文件前发生了错误导致程序崩溃，这时文件就无法正常关闭。为了有效地避免此种情况，推荐使用 with 语句管理文件对象。

3. with 语句

with 语句支持在一个叫上下文管理器的对象的控制下执行一系列语句。其语法格式如下。

```
with context as var：
    statements
```

说明：context 必须是上下文管理器，它实现了两个方法 __enter__( ) 和 __exit__( )。context 的 __enter__( ) 方法返回值传递给 var，var 可以是一个变量，也可以是一个元组。

例如，使用 with 语句操作文件对象。

```
with open("data.txt", "w") as fp:          # 打开文件
    fp.write("Hello Python")               # 写入数据
```

说明：open()函数的返回值赋给 fp，通过文件对象 fp 将"Hello Python"写入 data.txt 文件中。

上下文管理语句 with 还支持下面的用法。

```
with open("first.txt", "r") as fp1, open("second.txt", "w") as fp2:
    # 在这里通过文件对象读写文件内容的语句
```

with 语句的作用是自动关闭文件，释放资源。其优点是不用写关闭文件的操作，简化了代码。因此，with 语句适用于对资源进行访问的场合，无论资源在使用过程中是否发生异常，都可以使用 with 语句保证资源被正确释放。

8.1.2.2　文本文件的读写操作

1. 写文件

Python 语言提供了 write()方法将字符串写入文件。其语法格式如下。

```
write(string)
```

说明：参数 string 表示要写入的字符串，返回值是写入的字符个数。

例如，向文本文件中写入内容。

```
with open("data.txt", "w") as fp:
    fp.write("Hello ")
    fp.write("2020")
```

执行程序后，打开 data.txt 文件，内容是"Hello 2020"。每调用一次 write()方法，写入的内容就会追加到文件末尾。

另外，Python 语言还提供了 writelines(seq)方法把字符串列表 seq 写入文件，不会自动添加换行符。接下来，通过一个例子来说明。

【例 8-1】 向文本文件中写入多行内容。

分析：本例向文本文件写入的内容是 [1,10] 范围内的 10 个整数，要求每行存放一个整数，保存到 demo1.txt 中。采用 write()和 writelines()两个方法分别实现。

方法一基本思路：先将 [1,10] 范围内的 10 个整数存放到列表中；然后利用 map()函数把整数列表处理成字符串列表，使用 join()方法将其设置成一个以换行符作为连接符的字符串；最后采用 write()方法将字符串写入文件。

代码如下。

```
data_list = []
for i in range(1, 11):
    data_list.append(i)
with open("demo1.txt", "w") as fp:
    line = "\n".join(map(str, data_list))
```

```
    fp. write(line)
```

方法二基本思路：先将向列表中存储的每个整数转换成字符串，并与换行符连接；然后把连接后的字符串添加到列表中；最后采用 writelines() 方法将字符串列表写入文件。

代码如下。

```
data_list = []
for i in range(1, 11):
    data_list. append(str(i)+"\n")
with open("demo1. txt", "w") as fp:
    fp. writelines(data_list)
```

程序运行后，打开 demo1. txt 文件，可以看到写入的内容，如图 8-1 所示。

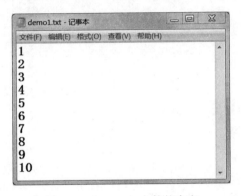

20 文本文件的
读写操作2

图 8-1　demo1. txt 文件的内容

综上所述，如果用 write() 方法向文件中写入内容时，可以先将写入的内容连接成一个字符串；如果用 writelines() 方法向文件中写入内容时，可以先将写入的内容存储到字符串列表中。

2. 读文件

在 Python 中，从文件中读取数据时，常用的方法有三种：read()、readline()、readlines()。

(1) read() 方法

read() 方法可以从指定文件（当前位置）中读取指定长度的内容。其语法格式如下。

```
read([size])
```

说明：参数 size 表示要从文件中读取的字符个数，若省略 size，则表示读取文件的所有内容。从文件中读取 size 个字符的内容作为结果返回，保存为字符串类型。

【例 8-2】读取并显示文本文件的前 10 个字符。

代码如下。

```
with open("data. txt", "r") as fp:        # 打开文件
    content = fp. read(10)
print("content=", content)
print("字符串 content 的长度为:%d" % len(content))
```

运行结果如下。

```
content = Hello 2020
字符串 content 的长度为:10
```

（2）readline( )方法

readline( )方法可以从指定文件中读取一行内容作为结果返回，保存为字符串类型。其语法格式如下。

```
readline( )
```

【例8-3】使用 readline( )方法，一行行读取文本文件 data. txt 中的内容。
代码如下。

```
def readfilebyreadline( src):
    with open( src, "r") as fp:
        line = fp. readline( )
        while line:
            print( line)
            line = fp. readline( )

readfilebyreadline( "data. txt")
```

运行结果如下。

Hello 2020! May all my wishes come true.

If you're lucky enough to be different, don't ever change.

A smile is the shortest distance between two people.

你好,2020! 希望一切愿望都能实现!

如果你很幸运能够与别人不同,请不要改变。

微笑是人与人之间最短的距离。

（3）readlines( )方法

readlines( )方法可以一次性读取文件中的所有内容。该方法返回一个列表，文件中的每一行就是列表中的一个元素。其语法格式如下。

```
readlines( )
```

【例8-4】基于例8-3，使用 readlines( )方法一行行读取文本文件 data. txt 中内容。
分析：先用 readlines( )方法读取 data. txt 文件中的所有内容并存储到 lines 中；再用 for 循环输出 lines 中的信息。

代码如下。

```
def readfilebyreadlines(src):
    with open(src, "r") as fp:
        lines = fp.readlines()
        print(lines)
        for line in lines:
            print(line)


readfilebyreadlines("data.txt")
```

运行结果如下。

['Hello 2020! May all my wishes come true. \n', "If you're lucky enough to be different, don't ever change. \n", 'A smile is the shortest distance between two people. \n', '你好,2020! 希望一切愿望都能实现! \n', '如果你很幸运能够与别人不同,请不要改变。\n', '微笑是人与人之间最短的距离。\n']

Hello 2020! May all my wishes come true.

If you're lucky enough to be different, don't ever change.

A smile is the shortest distance between two people.

你好,2020! 希望一切愿望都能实现!

如果你很幸运能够与别人不同,请不要改变。

微笑是人与人之间最短的距离。

除了上述方法外,请读者思考,本例是否还有其他的方法实现。

【例8-5】备份文件。将原文件 demo5.txt 中的内容备份到新文件 demo5_backup.txt 中。

分析:先对文件 demo5.txt 进行读取;再将读取出的内容写入新文件 demo5_backup.txt。同时,还涉及文件的打开、关闭操作。

代码如下。

```
def backupfile(src, dst):
    with open(src, "r") as srcfp, open(dst, "w") as dstfp:
        content = srcfp.read()
        dstfp.write(content)


backupfile("demo5.txt", "demo5_backup.txt")
```

程序运行后,可以看到原文件所在目录下生成了 demo5_backup.txt 文件,对比这两个文件中的内容,结果发现它们完全相同,说明文件备份成功,如图 8-2 和图 8-3 所示。

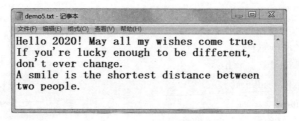

图 8-2 原文件的内容

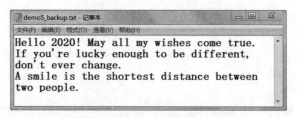

图 8-3 备份文件的内容

8.1.3 案例实现

基本思路：定义函数 statistic_word( )以实现统计单个文本文件中英文单词出现的次数，函数 write_statistic_results( )实现将统计结果以降序排列并写入文件；然后输入文本文件名（有多个文件时，中间用英文逗号分隔），调用函数 statistic_word( )，将统计结果以字典的形式存储。统计完毕后调用函数 write_statistic_results( )，把词频统计结果写入文件 words_num. txt。

代码如下。

```python
def statistic_word(source_file_name):
    """
    实现统计文本文件中英文单词出现的次数
    :param source_file_name:文本文件名
    :return:统计结果 word_dict
    """
    word_dict = {}    # 用于存储单词出现次数
    try:
        with open(source_file_name, "r") as fp:
            line_content = fp. read()
            word_list = line_content. split()    # 使用空格对读取内容进行拆分
            for word in word_list:
                # 去除单词前后的特殊符号
                word = word. rstrip('. '). rstrip(','). rstrip(';'). strip("( )"). strip('"')
                # 只统计纯英文单词,同时单词的长度大于1
                if word. isalpha() and len(word) > 1:
                        word = word. lower()    # 将单词全部转换成小写字母
                word_dict[word] = word_dict. get(word, 0) + 1
    except:
```

```
        print("文件:'%s'不存在!" % source_file_name)
    return word_dict



def write_statistic_results(word_dict):
    """
    首先按照字典的值进行降序排序,然后再将结果写入文件
    :param word_dict: 接收的是以字典形式存储的单词统计结果
    :return: None
    """
    # 按照字典的值从大到小进行排序
    sorted_list = sorted(word_dict.items(), key=lambda x: x[1], reverse=True)
    # 将统计结果写入文件 words_num.txt
    with open("words_num.txt", "w", encoding="UTF-8") as fp:
        for item in sorted_list:
            fp.write("%s: %d\n" % (item[0], item[1]))



file_name_str = input("请输入文件名(多个文件时,中间用英文逗号分隔):\n")
file_name_list = file_name_str.split(",")
total_word_dict = {}   # 用于存储单词出现次数
for file_name in file_name_list:
    file_name = file_name.strip()
    words_dict = statistic_word(file_name)
    for key, value in words_dict.items():   # 获取字典里的键和值,累加到总字典中
        total_word_dict[key] = total_word_dict.get(key, 0) + value
write_statistic_results(total_word_dict)
```

运行结果如下。

请输入文件名(多个文件时,中间用英文逗号分隔):
2019 年英语四级真题.txt,2015 年英语四级真题.txt

程序运行后, 在程序所在的目录下生成一个名为 words_num.txt 的文件, 打开该文件,
其内容如图 8-4 所示。

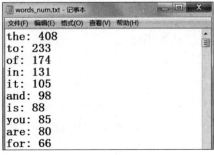

图 8-4　词频统计结果

8.2 案例 25：文件批量重命名

8.2.1 案例描述

在日常生活中，经常会根据某些需求对文件名进行修改，如添加统一前缀、添加顺序编号等。如果需要修改的文件太多，逐个对文件进行修改的效率显然是很低的。为了提高工作效率，可以编写一个小程序，采用统一的前缀，实现把指定文件夹下所有文件名进行批量修改，同时文件类型保持不变。

分析：要实现上述功能，需要了解文件和文件夹级别的操作，如文件重命名、删除等，以及文件夹遍历、创建、删除等。这就需要深入学习 os 模块和 os.path 模块的相关知识。

8.2.2 相关知识

8.2.2.1 os 模块

os 模块提供了大部分操作系统的功能接口函数。当导入 os 模块后，它会根据不同的操作系统平台进行相应的操作。在编写 Python 程序时，经常要与文件、目录打交道，所以 os 模块是必学内容。

注意：在使用 os 模块命令前，必须首先导入 os 模块，导入语句为 import os。

表 8-2 中列出了几种常用的 os 模块文件及目录操作方法。

21 os 模块

表 8-2　常用的 os 模块文件及目录操作方法

方　　法	功 能 说 明
listdir(path)	返回 path 目录下的文件和目录列表，path 参数可省略。当省略 path 时，列出当前目录下的所有文件名和文件夹名。例如，os.listdir("D:\\Program Files")，用于列出路径 D:\\Program Files 下的所有文件名和文件夹名
remove(path)	删除 path 指定的文件，path 参数不能省略
rename(src,dst)	重命名文件或目录，其中 src 为原文件名或目录名，dst 为新文件名或目录名。如果目标文件已存在，则抛出异常
replace(src,dst)	重命名文件或目录，若目标文件已存在，则直接覆盖
chdir(path)	把 path 设置为当前工作目录，path 参数不能省略
getcwd()	返回当前工作目录
mkdir(path)	创建 path 指定的文件夹，path 参数不能省略
rmdir(path)	删除 path 指定的文件夹，path 参数不能省略

下面通过实例说明 os 模块的基本用法。

例如，在 D 盘 test 目录下进行操作。

```
>>> import os
>>> os.chdir("D:\\test")              # 改变当前目录
>>> os.listdir()                      # 显示当前目录下的所有文件和文件夹
['demo8_1.txt']
>>> os.mkdir("demo8_2")               # 创建文件夹
```

```
>>> os. listdir( )
[ 'demo8_1. txt', 'demo8_2']
>>> os. rename( "demo8_2" ,"stuinfo" )     # 对新创建的文件夹重命名
>>> os. listdir( )
[ 'demo8_1. txt', 'stuinfo']
>>> os. rmdir( "stuinfo" )                  # 删除文件夹
>>> os. listdir( )
[ 'demo8_1. txt']
>>> os. getcwd( )                           # 返回当前工作目录
'D:\\test'
```

8.2.2.2　os. path 模块

os. path 模块主要用于文件相关属性的获取。在使用该模块之前，必须先导入 os. path 模块，导入语句为 import os. path。表 8-3 中列出了几种常用的 os. path 模块的文件操作方法。

表 8-3　常用的 os. path 模块文件操作方法

方　　法	功　能　说　明
abspath(path)	返回绝对路径 例如，输入 os. path. abspath("readme. txt")，则返回'D:\\Program Files\\Python36\\ readme. txt'
split(path)	将指定 path 分割成目录和文件名，以元组的形式返回 例如，输入 os. path. split("D:\\ Program Files\\Python36\\readme. txt")，则返回('D:\\ Program Files\\Python36', 'readme. txt')
dirname(path)	返回指定 path 的目录路径，即为 os. path. split(path)返回值的第一个元素 例如，输入 os. path. dirname("D:\\ Program Files\\Python36\\readme. txt")，则返回'D:\\ Program Files \\Python36'
exists(path)	判断文件是否存在。如果存在，则返回 True；否则，返回 False
isdir(path)	用于判断 path 是否为目录。如果是目录，则返回 True；否则，返回 False 例如，输入 os. path. isdir("D:\\Program Files\\Python36\\readme. txt")，则返回 False
isfile(path)	用于判断 path 是否为文件。如果是文件，则返回 True；否则，返回 False 例如，输入 os. path. isfile("D:\\Program Files\\Python36\\readme. txt")，则返回 True
join(path1 , * paths)	连接两个或多个 path （用斜线\\作为连接符） 例如，输入 os. path. join ("D:\\ Program Files \\ Python36" , "aa", "aa. txt")，则返回'D:\\ Program Files\\Python36\\aa\\aa. txt'
basename(path)	返回 path 的最后的文件名。如果 path 以\ 或/结尾，则返回空值 例如，输入 os. path. basename("D:\\ Program Files\\Python36\\readme. txt")，则返回'readme. txt'

下面通过实例说明 os. path 模块的基本用法。例如：

```
>>> import os
>>> import os. path
>>> os. chdir( "D:\\test" )                 # 改变当前目录为 test
>>> os. listdir( )                          # 显示当前目录 test 下的所有文件和文件夹
[ 'demo8_1. txt']
>>> os. path. abspath( "demo8_1. txt" )     # 返回绝对路径
'D:\\test\\demo8_1. txt'
>>> os. path. split( "D:\\test\\demo8_1. txt" )   # 对路径进行分割,以元组形式返回
```

```
('D:\\test', 'demo8_1. txt')
>>> os. path. dirname("D:\\test\\demo8_1. txt")     # 返回目录的路径
'D:\\test'
>>> os. path. exists("D:\\test\\demo8_1. txt")      # 判断文件是否存在,存在则返回 True
True
>>> os. path. exists("D:\\test\\word. txt")         # 判断文件是否存在,不存在则返回 False
False
>>> os. path. basename("D:\\test\\demo8_1. txt")    # 返回指定路径的最后一部分
'demo8_1. txt'
>>> os. path. isfile("D:\\test\\demo8_1. txt")      # 判断是否为文件
True
>>> os. remove("D:\\test\\demo8_1. txt")            # 删除指定文件
>>> os. listdir("D:\\test")                         # 显示指定目录下的所有文件和文件夹
[ ]
```

8.2.3 案例实现

基本思路:将指定目录(如 D:\\test)下的所有文件名进行批量修改,要求添加统一前缀,前缀名为"[2019 级]–"。先导入 os 模块和 os. path 模块;然后使用 os 模块中的 chdir()方法改变当前目录,用 listdir()方法获取指定文件夹下的所有文件名和文件夹名,用 rename()方法对文件进行重命名;使用 os. path 模块中的 isfile()方法判断是否为文件。

代码如下。

```
import os
import os. path

def batch_renamefile(dirpath):
    """
    实现批量修改文件名
    :param dirpath:目录名
    :return:None
    """
    os. chdir(dirpath)
        files = os. listdir(dirpath)
        suf_name = "[2019 级]–"
        for file in files:
                if os. path. isfile(file):
                        newfile = suf_name + file
                        os. rename(file, newfile)


path = "D:\\test"
batch_renamefile(path)
```

程序运行前后，D 盘 test 目录下的文件名变化情况如图 8-5 所示。

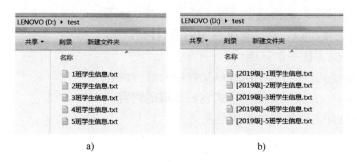

a)   b)

图 8-5　程序执行前后对比

a）重命名前　b）重命名后

小结

1. 文件操作在各类应用软件开发中均占有重要的地位。

2. 文件的常见操作包括打开与关闭、读写、文件备份等。

3. Python 语言内置文件对象，通过 open( ) 函数可以指定模式打开指定文件并创建文件对象。

4. 在文件操作时，养成使用上下文管理语句 with 的习惯。

5. with 语句可以自动管理资源，不管程序是否发生异常，总能保证资源被正确释放，可大大简化代码。with 语句常用于对资源进行访问的场合。

6. os 模块和 os. path 模块中提供了大量用于文件和文件夹的操作方法，包括文件和文件夹的重命名、删除、复制等。

习题

一、填空题

1. 文件操作完成后，应该调用_____方法关闭文件，以释放资源。

2. os 模块中的 mkdir( ) 方法用于创建_____。

3. 使用上下文管理关键字_____可以自动管理文件对象，不论何种原因结束该关键字中的语句块，都能保证文件被正确关闭。

4. Python 标准库 os 中用来列出指定文件夹中的文件和子文件夹列表的方法是_____。

5. Python 标准库 os. path 中用来判断指定文件是否存在的方法是_____。

二、选择题

1. 假设文件不存在，如果使用 open( ) 方法打开文件会报错，则该文件的打开方式是（　　）模式。

A. r   B. w   C. w+   D. a

2. 下列方法用于向文件写内容的是（　　）。

A. open( )   B. close( )   C. write( )   D. read( )

3. 下列关于文件读取的描述中，错误的是（　　　）。

   A. read( )方法可以一次读取文件中的所有内容

   B. readline( )方法一次只能读取一行内容

   C. readlines( )方法可以一次读取文件中的所有内容

   D. readlines( )方法以元组的形式返回读取的内容

4. 下列语句打开文件的位置应该是在（　　　）。

```
file = open("test.txt", "a")
```

   A. C 盘根目录下   B. E 盘根目录下

   C. 与原文件在相同的目录下   D. Python 安装目录下

5. 下列描述错误的是（　　　）。

   A. os 模块中的 chdir(path)方法用于设置 path 为当前工作目录

   B. os 模块中的 getcwd( )方法获取的是相对路径

   C. os.path 模块中的 abspath(path)方法返回 path 指定的绝对路径

   D. os.path 模块中的 isdir( )方法用于判断指定路径是否为目录

6. 在 os 模块中用来给文件重命名的函数是（　　　）。

   A. listdir( )   B. mkdir( )   C. remove( )   D. rename( )

三、判断题

1. 文件打开的默认方式是只读。（　　　）

2. 使用 a 模式打开文件并向文件中写入数据，则文件中原有的数据会被覆盖。（　　　）

3. read( )方法可以设置读取的字符长度。（　　　）

课后实训

1. 编写一个函数，实现统计指定文本文件中最长行的长度和该行内容的功能。

2. 编写程序实现读取一个英文文本文件的内容，并将其中的大写字母转换为小写字母，小写字母转换为大写字母，然后把转换后的结果写入另一个文本文件。

3. 编写程序实现读取文本文件 data.txt（文件中每一行存放一个整数）中的所有整数，按升序排列后再写入文件 data_asc.txt。

4. 编写程序实现在 1~1 000 范围内生成 100 个随机整数，整数间以英文逗号进行分隔，保存到 num.txt 文件中；然后读取所有整数，将其按升序排列后写入文本文件 num_sort.txt。

5. 编写程序实现批量修改文件名，要求把指定文件夹下的所有文件名统一按顺序编号（从 1 开始），文件类型保持不变。

第9章 模块和包

在计算机程序开发的过程中，随着程序功能的增加，相应的代码量也会增加。这样，在一个文件里，代码就会越来越多，导致不易维护。为了提高代码的可维护性，通常会依据函数功能进行分组，然后放到不同的文件里。因此，每个文件里的代码量就会相对较少，很多语言都是采用这种方式组织代码的。在 Python 语言中，一个 . py 文件就是一个模块（Module）。但是，另一个问题来了，如果不同的程序员所编写的模块名相同怎么办？为了解决这个问题，Python 语言又引入了使用目录对模块进行组织的方法，称为包（Package）。

通过本章的学习，实现下列目标。
- 理解模块和包的概念。
- 了解导入模块的方法。
- 学会自定义模块的制作。
- 理解 Python 程序中__name__属性的作用。
- 掌握包的结构及导入方法。
- 掌握__init__. py 文件的作用。

9.1 案例 26：导入模块

9.1.1 案例描述

在日常生活中，为了有效地防止刷票、恶意注册等行为，很多网站的登录页面都加入了验证码技术。目前验证码的种类层出不穷，其生成方式也越来越复杂。常见的验证码是由大写字母、小写字母、数字组成，常见验证码位数是 4 位或 6 位。要求编写程序实现随机生成任意位数的验证码。

分析：为了提高代码的重用率，减少代码维护的工作量，对于共用功能函数，通常会编写在一个模块中，然后在每个模块中实现具体的函数功能。这样当其他程序需要使用该功能时，直接调用该模块中的函数即可。但关键问题在于如何实现自定义模块？这需要用到模块的知识。

9.1.2 相关知识

9.1.2.1 模块的概念

模块是指一个扩展名为 . py 的 Python 文件，这个文件中包含很多类和函数。因此，在 Python 语言中，每个 Python 文件都可以视为一个模块，模块名就是文件名。

在 Python 语言中模块可分为三类。

1）标准模块：也称内置模块，是 Python 内置标准库中的模块，在安装 Python 时已自动安装，可以在程序中直接导入使用，例如，random、time、os等。

2）扩展模块：即第三方扩展库，在使用之前需要先自行下载与安装，例如，numpy、pandas、matplotlib等。

3）自定义模块：是程序员自行编写的、存放功能性代码的Python文件。

9.1.2.2 模块搜索路径的顺序

当导入模块时，Python解释器怎样找到对应文件呢？这就涉及Python的搜索路径。搜索路径由一系列目录名组成，Python解释器会依次从这些目录中寻找所引入的模块。

Python解释器搜索模块路径的顺序如下。

1）搜索当前目录，若当前目录中不存在，则搜索在shell变量PYTHONPATH中存储的目录。

2）如果仍然找不到，则继续搜索安装时设置的默认路径。

搜索路径被存储在sys模块的变量path中，可以通过代码来验证。例如：

```
>>> import sys
>>> print(sys.path)
['D:\\Program Files\\Python36\\Lib\\idlelib', 'D:\\Program Files\\Python36\\python36.zip',
'D:\\Program Files\\Python36\\DLLs', 'D:\\Program Files\\Python36\\lib',
'D:\\Program Files\\Python36', 'D:\\Program Files\\Python36\\lib\\site-packages',
'D:\\Program Files\\Python36\\lib\\site-packages\\pip-18.1-py3.6.egg',
'D:\\Program Files\\Python36\\lib\\site-packages\\pyinstaller-3.5.dev0+5d872d3ee-py3.6.egg',
'D:\\Program Files\\Python36\\lib\\site-packages\\win32',
'D:\\Program Files\\Python36\\lib\\site-packages\\win32\\lib',
'D:\\Program Files\\Python36\\lib\\site-packages\\Pythonwin']
```

从上述代码的输出结果可以看出，sys.path输出的是一个列表，其中第一项为当前程序所在的目录，也就是Python解释器执行程序的目录。

了解搜索路径的概念后，下面学习如何导入模块。

9.1.2.3 模块的导入

22 模块的导入

在Python语言中可以使用import关键字来导入模块，导入方式有两种，分别是使用import导入和使用from…import导入。

1. 使用import导入

使用import导入模块，其语法格式如下。

import 模块名1[，模块名2，…]

说明：import可以一次导入一个或多个模块，多个模块名之间使用逗号分隔。导入模块后，要使用模块中的对象时，需要在对象名前加上模块名作为前缀，即以"模块名.对象名"的方式访问。

例如，导入一个或多个模块。

```
>>> import time                    # 导入一个模块
>>> import random,math             # 导入多个模块
```

```
>>> x = random. randint(1,10)    # 获得[1,10]区间的随机整数
```

模块名较长时，可以使用 as 为模块起别名，语法格式如下。

import 模块名 **as** 别名

例如，将模块 random 起别名为 rd，并获得[0,1)内的随机小数。

```
>>> import random as rd
>>> y = rd. random()
>>> y
0. 6545668613688319
```

注意：在调用模块中的函数时，之所以加上模块名，是因为在多个模块中可能存在相同的函数名。若仅仅只是通过函数名来调用，解释器无法知道所调用的函数来自哪个模块。为了防止产生二义性，使用上述方法导入模块后，调用函数时必须加上模块名。

2. 使用 from…import 导入

使用 from…import 导入模块，其语法格式如下。

from 模块名 **import** 对象名 1[,对象名 2, …]

说明：此方法仅导入明确指定的对象，可以导入一个或多个对象，多个对象之间使用逗号分隔。使用该方法导入模块后，当使用模块中的对象时，不需要使用模块名作为前缀。

例如，导入 math 模块中的 sin()函数和 fabs()函数。

```
>>> from math import sin,fabs
>>> sin(0. 3)
0. 29552020666133955
```

同样，也可以为模块中的函数起别名，其语法格式如下。

from 模块名 **import** 函数名 **as** 别名

例如，将 math 模块中的 fabs()函数起别名为 fs。

```
>>> from math import fabs as fs
>>> m = fs(-5)
>>> m
5. 0
```

如果需要导入模块中的所有内容，可以使用通配符"＊"，不过，不建议使用这种导入方式。

例如，导入 math 模块中的所有内容。

```
>>> from math import ＊
```

建议：在程序中可能需要导入很多模块，应按照标准模块、扩展模块、自定义模块的顺序依次导入。

注意：扩展模块在使用前需要使用 pip 工具下载并安装。

【例 9-1】制作模块。在 demo9_1_制作模块 . py 文件中定义了 factorial()函数实现求 n

的阶乘，在 main. py 文件中使用 demo9_1_制作模块 . py 文件中的 factorial( )函数。
代码如下。

```
# demo9_1_制作模块 . py 文件
def factorial( n):
    """
    计算 n 的阶乘
    :param num_val：接收 n 的值
    :return：返回 n 的阶乘
    """
    factorial_val = 1
    for iter_val in range( n, 0, -1):
        factorial_val *= iter_val
    return factorial_val

# main. py 文件
from demo9_1_制作模块 import factorial

val = factorial( 5)
print( val)
```

执行 main. py 文件，运行结果如下。

```
120
```

Python 为每个模块提供了一个__name__属性，当其值为__main__时，表明该模块自身在运行；否则，表示该模块被引用。因此，如果模块被引用时，模块中的某代码段不需要执行，可以通过判断__name__属性的值实现。下面通过实例来证明。

【例 9-2】修改例 9-1 的 demo9_1_制作模块 . py 文件，测试__name__属性的值。
代码如下。

```
def factorial( n):
    """
    计算 n 的阶乘
    :param num_val：接收 n 的值
    :return：返回 n 的阶乘
    """
    factorial_val = 1
    for iter_val in range( n, 0, -1):
        factorial_val *= iter_val
    return factorial_val

# 用来测试
if __name__ == "__main__":
    result = factorial( 5)
```

```
print(result)
print("在 test. py 文件,__name__的值为:%s" % __name__)
```

上述代码中，if 语句的代码段是测试代码，在单独执行 test. py 文件时被执行；而在 test 模块被引用时，该代码段不被执行。

执行 test. py 文件来验证，运行结果如下。

```
120
在 test. py 文件,__name__的值为:__main__
```

上述结果验证了__name__的值为__main__。而执行 main. py 文件，程序运行结果为 120，可以看出 test. py 文件中 if 语句的代码未被执行。因此，模块被引用时，该模块的__name__属性的值被自动设置为模块名。

9.1.3 案例实现

基本思路：自定义一个模块，名为"demo9_导入模块"，在该模块中定义一个函数 verify_code()，实现随机生成指定位数的验证码。其具体实现基本逻辑如下。

1）使用 import 方法导入 random 模块。

2）使用 random 模块中的 randint()函数随机生成 1~3 之间的整数。

3）根据步骤2)中生成的随机整数，确定随机验证码使用的字符。当随机整数为 1 时，随机生成 A~Z 之间的字母作为验证码；当随机整数为 2 时，随机生成 a~z 之间的字母作为验证码；当随机整数为 3 时，随机生成 0~9 之间的整数作为验证码。

4）循环执行步骤2)、3)，直到生成指定位数的验证码，结束程序。

最后，编写一个测试模块 test，导入模块"demo9_导入模块"，调用 verify_code()函数生成随机验证码。

代码如下。

```
# demo9_导入模块 . py
import random

def verify_code(code_num):
    """
    生成任意位数的验证码
    :param code_num:控制验证码生成的位数
    :return:code_list 生成的验证码
    """
    code_list = ""    # 记录生成的验证码
    # 每一位验证码都有三种可能(大写字母、小写字母、数字)
    for i in range(code_num):    # 控制验证码生成的位数
        state = random. randint(1, 3)
        if state == 1:
            first_kind = random. randint(65, 90)    # 大写字母
            random_uppercase = chr(first_kind)
```

```
            code_list += random_uppercase
        elif state == 2:
            second_kinds = random. randint(97, 122)    # 小写字母
            random_lowercase = chr(second_kinds)
            code_list += random_lowercase
        elif state == 3:
            third_kinds = random. randint(0, 9)    # 0~9 的整数
            code_list += str(third_kinds)
    return code_list
```

```
# test. py
import demo9_导入模块

str_nums = demo9_导入模块 . verify_code(6)    # 生成 6 位验证码
print("随机验证码:", str_nums)
```

执行测试文件 test. py，运行结果如下。

随机验证码：NW2gq9

9.2 案例 27：导入包

23 案例 27

9.2.1 案例描述

在实际生活中，大部分数据是以数值或文本的形式呈现的。这样既不能很好地展示数据之间的关系和规律，也给人枯燥的感觉。因此，可以借助一些图形工具，采用更直观的方式了解数据的变化。

在[1,100]区间内生成 10 个随机整数列表，根据列表中的数据，用直线段将各数据点连接起来绘制成一个折线图，以折线的方式反映数据的变化趋势。

分析：根据前面知识的学习，可以使用 random 模块中的 randint()方法实现随机整数的产生。但要求将产生的每个随机整数用直线段连接形成一条折线，该如何实现呢？这需要用到绘图工具包 matplotlib 中的 pyplot 模块。本节先来了解一下包的知识。

9.2.2 相关知识

9.2.2.1 包的概念

24 包的概念

为了更好地组织模块，通常会将多个功能相似的模块放在一个包中。因此，一个完整的 Python 程序通常被组织为模块和包的集合。

包是 Python 模块文件所在的目录，且该目录下存在__init__. py 文件（文件内容可以为空）。包可以看成一个包含若干个 Python 程序模块或子包的文件夹。

现定义一个名为 package_a 的包，在这个包里有三个模块（formats. py、effects. py、fliters. py）和两个子包（function_package、class_package）。其具体结构如图 9-1 所示。

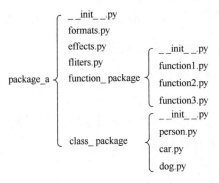

图 9-1　package_a 包的结构

包的存在使整个项目更富有层次感，也可在一定程度上避免模块重名的问题。

9. 2. 2. 2　包的导入

包的导入方式与模块的导入方式大致相同，也是使用 import 或 from…import 导入包或包中的对象。

1. 使用 import 导入

使用 import 可以导入包、子包和模块。语法格式如下。

import package [. subpackage. item]

使用这种导入方式时，最后一个 item 之前的 package 或 subpackage 必须是包，最后一个 item 可以是一个模块或包，但不能是类、函数和变量。

例如，导入 package_a 包下的子包 function_package 中的模块 function1。

import package_a. function_package. function1

当要访问以这种方式导入的包或模块中的对象时，一定要使用全路径名。例如，访问 function1 中的对象 obj，引用方式如下。

package_a. function_package. function1. obj

若嫌麻烦，可以给包起别名，语法格式如下。

import package [. subpackage. item] [as 别名]

例如，导入 Python 语言的绘图工具包 matplotlib 中的模块 pyplot 的惯例写法如下。

import matplotlib. pyplot as plt

当要访问 pyplot 模块中的 show( )函数时，可直接使用：

plt. show( )

2. 使用 from…import 导入

使用 from…import 可以导入子包、模块和模块中的对象。语法格式如下。

> **from** package **import** item

item 可以是子包、模块或模块中的对象。

例如，导入 package_a 包下的子包 function_package 中的模块 function1。

> from package_a. function_package import function1

注意：item 不能带点。如上例写成 from package_a import function_package. function1 就是错误的。

当要访问以这种方式导入的包或模块中的对象时，不用全路径名，直接使用 import 后的 item。例如，访问 function1 中的对象 obj，使用方式如下。

> function1. obj

还可以使用下列语句直接导入 obj 对象。

> from package_a. function_package. function1 import obj

在后续访问 obj 时，直接使用 obj 即可。

如果需要从一个包中导入所有对象，可以使用如下语法格式。

> from package import *

使用这种方式是不是就意味着导入包中的所有对象呢？这要分两种情况。

1）包的 __init__. py 文件中定义了 __all__ 变量。__all__ 变量是一个列表变量，它包含的模块名字的列表将作为被导入的模块列表。

2）包的 __init__. py 文件中没有定义 __all__ 变量。包中的所有 public 对象（对象名前没有下画线）可以对外公开。

注意：若使用第三方包，则需要自行下载安装后才能导入该包。

例如，使用 matplotlib 绘图工具包可以轻松地将数据转换为图形的形式显示，而 matplotlib 工具包属于扩展库，使用之前需要安装该工具包，步骤如下。

1）单击计算机桌面左下角的 "开始" 按钮。

2）在搜索框中输入 "cmd" 命令。

3）在弹出的对话框中输入 "pip install matplotlib"，即可在线完成 matplotlib 绘图工具包的下载和安装。

安装成功后，导入 matplotlib 包，使用 pyplot 模块中的 plot( ) 函数绘制简单的折线图。在这里对该函数的具体应用不做详解，读者可结合本案例的实现部分大体了解一下。

【例 9-3】 自定义一个共用包，包名为 cal_package，在包中含有 mul_module. py、div_module. py、surplus_module. py 三个模块，每个模块分别包含乘、除、取余三种运算的函数。

分析：首先创建包，方法是在当前项目工程名上右击，在弹出的快捷菜单中选择 "New" → "Python Package" 命令，输入包名为 cal_package 即可完成；然后在该包中创建四个模块；最后在当前项目工程下创建一个测试文件 demo_test. py。当前项目工程的结构如图 9-2 所示。

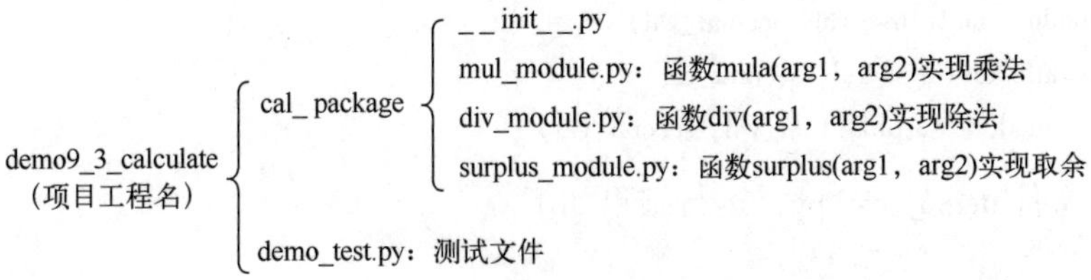

图 9-2　项目工程的结构

代码如下。

```
# 模块 mul_module. py
def mul(arg1, arg2):
    """实现两个数的乘积"""
    mul_val = arg1 * arg2
    print("%g * %g = %g" % (arg1, arg2, mul_val))


# 模块 div_module. py
def div(arg1, arg2):
    """实现两个数相除"""
    try:
        div_val = arg1 / arg2
    except:
        print("除数不能为 0!")
    else:
        print("%g / %g = %g" % (arg1, arg2, div_val))


# 模块 surplus_module. py
def surplus(arg1, arg2):
    """ 实现两个数的取余运算 """
    try:
        surp_val = arg1 % arg2
    except:
        print("除数不能为 0!")
    else:
        print("%g %% %g = %g" % (arg1, arg2, surp_val))


# 测试文件 demo_test. py
# 导入自定义包中的模块
from cal_package import mul_module
from cal_package import div_module
from cal_package import surplus_module

first_val = 15
second_val = 6
```

193

mul_module. mul(first_val, second_val)

div_module. div(first_val, second_val)

surplus_module. surplus(first_val, second_val)

执行测试文件 demo_test. py，运行结果如下。

15 * 6 = 90

15 / 6 = 2.5

15 % 6 = 3

在上述程序的测试文件 demo_test. py 中，导入自定义包中所有模块时，用了三个 from…import 来实现，这种方式较为烦琐。请思考，能否用一个 from…import 一次导入包中的所有模块呢？答案是肯定的。解决这个问题需要用到__init__. py 文件中的__all__属性。

9.2.2.3 __init__. py 文件的作用

在包的每个目录中都包含一个__init__. py 文件，该文件可以是一个空文件，用于表示该目录是一个包。__init__. py 文件的主要用途是进行初始化工作以及通过设置__all__变量给外界提供明确的可用对象。

1. 初始化

当用 import 导入包时，会执行__init__. py 文件中的代码。即使一个包被调用多次，该包的__init__. py 文件也只被执行一次。因此，可以在__init__. py 文件中进行初始化工作。

例如，有一个通用包，里面有很多模块，在包的外部，需要调用包中的若干对象。若直接在调用方使用 import 语句导入如此多的模块显得十分费事，此时可以通过修改包的__init__. py 来完成该任务。在包的__init__. py 中导入外部需要访问的对象，参考代码如下。

```
from . 模块 1 import obj1      # . 代表从同级目录导入,是相对导入
from . 模块 2 import obj2
```

当在调用方使用包中对象时，代码可直接写为：

```
import package as 别名
别名 .obj1
```

这样，对于调用方而言，既不需要写很多 import 语句，在使用对象时，直接用"包名.对象名"访问，不用关心对象所在模块名，使用起来很方便。

【例 9-4】利用__init__. py，重新实现例 9-3 中的导入包部分。

```
# cal_package 包的__init__. py 文件
from . mul_module import mul
from . div_module import div
from . surplus_module import surplus

# 测试文件 demo_test. py
# 导入自定义包
import cal_package as cal

first_val = 15
```

```
second_val = 6
cal. mul(first_val, second_val)
cal. div(first_val, second_val)
cal. surplus(first_val, second_val)
```

读者可以自行编写程序进行测试，验证结果是否正确。请思考一下，是否还有其他的解决方案。

2. 设置__all__变量

可以在__init__. py 中编写名为__all__的特殊变量，其属性值是模块列表。当执行 from…import ∗ 时，就会导入列表中的所有模块供外部使用者使用。__all__中没有列出的对象不能被外部使用者使用。所以，在包的__init__文件中，把希望公开给外部的对象名称都包含在__all__属性中。

例如，在一个 common 包中的 utils 模块中包含三个函数，分别为 f1( )、f2( ) 和 f3( )。其中，f1 和 f2 可供外部使用，f3 不对外公开，则可以先在 utils 模块中定义__all__属性。

```
__all__ = ['f1','f2']
```

再在 common 包的__init__文件中，设置__all__属性。

```
__all__ = [ ]
from . utils import ∗
__all__ += = utils. __all__
```

当在外部使用此包时，导入此包。

```
from common import ∗
```

这样，__all__属性中列出的对象才可访问，而且包内不同模块下的对象都可以直接使用。

9.2.3 案例实现

基本思路：安装扩展库 matplotlib，自定义 draw_module 模块。在该模块中，定义 drawline( )函数以实现生成任意区间的随机整数，并用折线图表示其变化趋势。本案例在[1,100]区间内生成 10 个随机整数，存储于列表中，也可将其输出。然后调用 matplotlib 包的 pyplot 模块中的 plot( )函数，根据生成的随机整数绘制折线图，并调用 show( )函数进行显示。最后，在测试文件 main. py 中导入 draw_module 模块，调用其 drawline( )函数进行验证。

代码如下。

```
# draw_module. py
import random
import matplotlib. pyplot as plt

def drawline(start, end, nums):
    """
```

实现[start, end]区间随机生成的整数,绘制成折线图显示

:param start: 起始值

:param end: 结束值

:param nums: 随机整数的个数

:return: None

"""

```
rand_val = [random.randint(start, end) for i in range(nums)]
print(rand_val)
# 根据 rand_val 值绘制折线图,并设置线条的样式
plt.plot(rand_val, 'r-o')    # r 表示颜色为红色, - 表示线型为实线, o 表示标记风格为实心圆点
plt.show()
```

```
# main.py 文件
from draw_module import drawline

drawline(1, 100, 10)
```

执行 main.py 文件, 运行结果如下。

[65, 80, 36, 7, 24, 52, 61, 96, 71, 1]

第一次运行程序, 生成的随机数为 [65, 80, 36, 7, 24, 52, 61, 96, 71, 1], 绘制出的折线图如图 9-3 所示。若将程序设置为在 [1, 100] 区间内随机生成 20 个整数, 再次执行 main.py 文件, 生成的随机数为 [8, 57, 98, 26, 88, 74, 87, 7, 5, 92, 7, 30, 14, 98, 24, 62, 63, 3, 92, 42], 绘制出的折线图如图 9-4 所示。

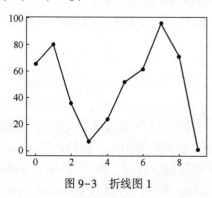
图 9-3 折线图 1

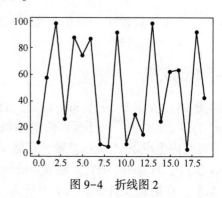
图 9-4 折线图 2

通过比较图 9-3 与图 9-4 可以看出, X 轴的刻度范围为生成随机数的个数区间, Y 轴的刻度范围为指定的生成随机数的数值区间。在调用 plot() 函数时, 如果传入了单个列表, 则会将其设为 Y 轴序列, 且自动生成 X 轴序列。X 轴的序列从 0 开始。关于 plot() 函数的详细用法, 可以从 matplotlib 官网了解。

小结

1. 模块是 Python 中最高级别的组织单元, 将程序代码和数据封装起来以便重用, 实现

共享服务和数据，进而可以提高程序可维护性。

2. 模块导入有两种方式：import 和 from...import。

3. Python 提供了一个__main__属性来控制。

4. 为了更好地组织模块，可以将功能相似的模块放在一个包中，使代码结构更清晰。

5. 包是 Python 模块文件所在的目录，且该目录下有一个__init__. py 文件，该文件可以为空。

6. 包目录下的__init__. py 文件的主要用途是进行初始化工作以及通过设置__all__属性给外界提供明确的可用对象。

习题

一、选择题

1. 下列属于扩展模块的是（　　　）。

    A. time　　　　　　　B. datetime　　　　　　C. random　　　　　　D. numpy

2. 下列关于模块的说法错误的是（　　　）。

    A. 模块文件的扩展名不一定是. py

    B. 任何一个普通的 xx. py 文件都可以作为模块导入

    C. 标准模块需要导入才可以使用

    D. 运行时会从指定的目录搜索导入的模块，如果没有，会抛出异常

3. 以下模块导入方式错误的是（　　　）。

    A. import math as mh　　　　　　　　　　B. import math

    C. from ＊ import math　　　　　　　　　　D. from math import ＊

4. 关于__name__的说法，下列描述正确的是（　　　）。

    A. 每个模块内部都有一个__name__

    B. 它是 Python 提供的一个方法

    C. 当它的值为__main__时，表示模块被引用

    D. 当它的值不为__main__时，表示模块自身在运行

5. 下列描述正确的是（　　　）。

    A. 包目录下的__init__. py 文件不能为空　　B. 功能相似的模块不能放在同一个包中

    C. 包不能使用 import 语句导入　　　　　　D. 每个 Python 文件就是一个模块

二、判断题

1. 在 Python 中引入模块的关键字是 import。（　　　）

2. 第三方模块使用时不需要提前安装。（　　　）

3. 导入模块时必须按照自定义模块、扩展模块、标准模块的顺序导入。（　　　）

4. 若要搜索模块的路径，可以使用 sys 模块的 shell 变量。（　　　）

5. 在__init__. py 中定义一个特殊变量__all__，其属性值是模块列表。（　　　）

三、简答题

1. 简述在 Python 中导入模块的方法。

2. 简述在 Python 中导入包的方法。

3. 简述__name__属性的用法。

课后实训

1. 绘制五角星。

（1）创建一个模块文件，在该文件中定义一个函数，利用 Python 内置模块 turtle 绘制一个五角星。

（2）在另一个模块文件中调用绘制五角星的函数。

2. 某门课程的成绩存储在 score. txt 文件中，读取该文件的数据，并统计指定成绩段的人数。使用 matplotlib 工具包中 pyplot 模块中的 pie( ) 函数绘制饼图，展示成绩分布。最终生成的成绩分布图如图 9-5。

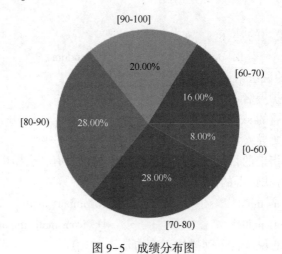

图 9-5　成绩分布图

第 10 章　面向对象编程

软件需求总是不断变化，为了应对变化，提高代码复用率，同时便于后期维护和扩展，面向对象编程成为主流。Python 作为面向对象编程语言，提供了封装、继承和多态等面向对象的特性。本章将介绍面向对象编程思想的相关概念和理论，类的定义，继承和多态的含义、作用及实现，并从类的角度重新介绍可迭代对象、迭代器和生成器。

通过本章的学习，实现下列目标。

- 理解面向对象编程思想。
- 掌握面向对象的封装、继承和多态三大特性。
- 学会定义类和创建对象。
- 掌握继承的作用、实现及原则。
- 了解继承中的方法解析顺序。
- 了解 Python 中的多态。
- 从类的角度掌握可迭代对象和迭代器。
- 掌握生成器表达式和生成器函数。

10.1　案例 28：设计"人"类

10.1.1　案例描述

试用代码描述一下"人"。每个人都有自己的姓名、性别和年龄；每个人都有呼吸和吃食物的行为。

分析：可以用变量表示人的姓名、性别和年龄等静态特性，用函数描述人的动态行为。但这样是把人的静态特性和动态行为分开，没有当成一个整体。而且若将每个人都单独描述一遍，基本上不可行。因此需要换一种编程思路，解决方案为本节介绍的面向对象编程思想。

10.1.2　相关知识

10.1.2.1　面向对象的基本理论和概念

1. 面向过程和面向对象的基本思想

C 是面向过程的编程语言，而 Python、Java 和 C++等都是面向对象的编程语言。面向过程和面向对象分别是什么？两者有什么区别和联系？

面向过程和面向对象都是解决问题的思维方式，都是编程思想和编程方法。

面向过程编程思想的创始人是尼古拉斯·沃思（Niklaus Wirth）。思想核心是功能分解，即自顶向下，逐层细化。面向过程编程思想是先分析出解决问题所需要的步骤，然后用函数把这些步骤一步一步实现，使用的时候一个一个依次调用就可以了。面向过程可以说是从细节思考问题，注重解决问题的步骤。

随着计算机技术的发展，处理问题的规模越来越大，使用面向过程编写的软件不利于重用，尤其是软件需求发生变化时代码的改动量很大，同时也不利于软件后期的维护和扩展。由此面向对象的编程思想应运而生。

面向对象编程思想的创始人是阿伦·凯（Alan Kay）。面向对象编程思想的核心是应对变化，提高可重用性。面向对象编程方法是把构成问题的事务分解成各个相对独立的对象，再将各个对象交互组合成整个系统。其中，对象包含数据和数据的操作。面向对象可以说是从宏观方面思考问题，注重问题中各个对象及对象之间的关系。符合人类看待世界的方式。

下面用现实世界中的例子说明面向过程和面向对象两种编程思想。

例1：雕版印刷和活字印刷。最早的印刷术是雕版印刷，需要先按照书稿的内容量身定制印版。雕版印刷对文化的传播起了很大的作用，但是刻版费时费工，对于不同的稿件，印版无法重复使用，此外印版上发现错别字，改起来很困难，需要整块版重新雕刻。北宋发明家毕昇发明的活字印刷则避免了雕版印刷的不足。活字印刷的方法是先制成单字的阳文反文字模，然后按照稿件把单字挑选出来，灵活排列在字盘内，排版印刷，印完后再将字模拆出，留待下次重复使用。活字印刷大大提高了印刷的效率。雕版印刷类似面向过程编程，按照任务逐步完成。活字印刷则类似面向对象编程，字模就是面向对象中相对独立的对象，这些字模在不同的印刷品中能够重复使用，若需要修改或扩充文字，直接替换或扩充相应字模即可，改动量小，且排版灵活。

例2：收音机和计算机。观察一下收音机和计算机的内部构成。收音机由二极管、晶体管、电阻等最基本的元器件构成，元器件之间联系紧密，如果出了故障，各个部件都可能涉及，难以维修。而计算机由各个彼此独立的部件构成，如CPU、内存条、硬盘等，由于计算机易插拔，不管哪一个部件出了问题，都可以在不影响别的部件的前提下进行修理或替换。如果说收音机体现的是面向过程的编程思想，计算机体现的就是面向对象的编程思想。

从活字印刷和计算机的硬件构成可以很容易体会出面向对象的四大好处。

1）可重用。

2）易扩展。

3）易维护。

4）灵活性好。

不过，这些优势在软件需求不断变更的情况下更能体现出来。

相比面向过程，面向对象也存在两个缺点。

1）代码量增大。

2）性能低。

所以，如果解决简单问题或者像科学计算这样对计算效率要求高的问题，采用面向过程；解决复杂问题和需求量会变更的问题使用面向对象。

2. 类和对象的概念

在现实世界中，人们把世界看成由形形色色的事物构成。事物既可以指客观存在的对象实体，如你、我、他、一本书、一台计算机等，也可以指主观抽象的概念，如篮球比赛的规则等。

面向对象编程思想模拟人类看待现实世界的方式，所以，面向对象编程的核心思想是：一切事物都是对象。现实世界中的一切事物都可以映射为编程世界中的对象。现实世界中的事物都有属性和行为。例如，张三这个人，有姓名、性别、身高、体重等属性，同时还有呼吸、说话等行为，在编程世界中，把"张三"视为一个对象，通过数据描述张三的属性，通过方法描述张三的行为。现在有一个问题，如果面对的编程任务中有多个同种类型的对象，如学生管理系统中，涉及 n 个学生，每个学生都有相同的属性和行为，只不过具体的值不同，难道每一个学生都需要用几乎重复的数据和方法描述？答案是否定的。在现实世界中，把具有同种特征的事物归为一类，映射到面向对象编程中，就是"类"的概念。类是具有相同属性和行为的对象集合的抽象，也可以视为具有相同属性和行为的对象集合的模板。例如，在学生管理系统中抽象出"学生"这一类，在类中用数据和方法描述学生的属性和行为。依据模板，很轻松地创建多个具体的学生对象，或者说实例化多个学生。代码不用对每个学生重复描述他们的属性和行为，从而简化了代码的编写。

综上所述，创建一个类的对象就是对此类进行实例化，"对象"就等同于"实例"。

3. 面向对象编程的三大特性

1）封装性。封装性是指将数据和操作代码封装在一个对象中，形成一个基本单位，各个对象之间相互独立，互不干扰。封装隐藏了对象的内部细节，只留少量接口与外界联系。这样做的好处是提高数据安全性，防止无关的人访问和修改数据。类是通过抽象和封装而设计出来的。

2）继承性。继承性是指一个类可以派生出新的类，而且新的类能够继承基类的成员。继承为类提供了规范的等级结构。类的继承关系使公共的性质能够共享，提高了软件的重用性。

3）多态性。多态性是指同一操作可作用于继承自同一父类的不同子类对象，并产生不同的执行结果。多态性增强了软件的灵活性。

10.1.2.2 类的定义

可以将类视为具有相同属性和行为的对象集合的模板。类中有两类成员，分别为数据属性（Data Attribute）和方法（Method）。数据属性就是数据成员，用来描述特征。对数据的操作就定义为方法，也可以说，方法用来描述行为。落实到语法层面，定义类的语法格式如下。

```
class 类名：
    数据属性
    方法
```

其中，class 为关键字，类名后面必须跟一个冒号（:）。类体内定义数据属性和方法。下面举例说明类的定义。

【例 10-1】定义一个长方形类，长方形具有长和宽两个数据属性，能计算周长和面积。代码如下。

```
class Rectangle：
    """长方形类,实现周长和面积计算"""
    def __init__(self,length,width)：  # __init__()为构造方法
```

```
        self. length = length              # self. length 中的 length 为数据属性
        self. width = width                # self. width 中的 width 为数据属性

    def getarea(self):                     # getarea()为实例方法
        return self. length * self. width

    def getperimeter(self):                # getperimeter()为实例方法
        return (self. length + self. width) * 2
```

上述代码中，Rectangle 为类名，__init__ 为构造方法，getarea 和 getperimeter 为实例方法，self. length 中的 length 和 self. width 中的 width 都为数据属性。下面详细介绍这些成员。

10. 1. 2. 3 构造方法和析构方法

1. 创建对象

类定义好之后，就可以对类进行实例化，或者说创建类的对象。创建对象的语法格式如下。

> 对象名 = 类名([参数列表])

执行上述语句时，自动调用了两个特殊的方法。一个方法为 __new__()，这个方法的任务就是在内存中新开辟一块空间用于存储对象本身，并且把地址保留在对象名称中返回。另一个方法是构造方法。

2. 构造方法

构造方法的作用为初始化实例属性。

在 Python 语言中，不论什么类，构造方法的名称固定为 __init__。

说明：特殊方法的名字以双下画线开头，以双下画线结尾，如 __init__、__getiem__ 等，这种特殊方法也叫魔术方法或者双下方法。

例如，Rectangle 类中的构造方法代码如下。

```
    class Rectangle:
        """长方形类,实现周长和面积计算"""

        def __init__(self,length,width):   # __init__()为构造方法
            self. length = length
            self. width = width
```

注意：在构造方法（包括后面介绍的实例方法）的参数列表中，第一个参数永远为 self，self 代表对象本身，相当于 C++和 C#语言中的 this。self 是约定俗成的习惯，可以用其他标识表示，不过不建议。当某个对象调用方法的时候，Python 解释器会把这个对象作为第一个参数传给 self，开发者只需要传递后面的参数。所以，当创建一个长方形对象时，只需要传递长和宽的值。代码如下。

```
    rect = Rectangle(10,8)
```

3. 析构方法

当创建一个对象时，Python 解释器会自动调用构造方法；当销毁一个对象时，Python 解

释器会自动调用另外一种特殊方法——析构方法，所以析构方法一般做"清理善后"的工作。在 Python 语言中，析构方法的名称固定为__del__。

对象在什么时候被销毁？是在手动调用 del 对象时？不一定。

Python 语言中所有的变量都是对内存对象的引用，所以只有当一个内存对象的引用计数降为 0，即没有被变量引用时，解释器的垃圾回收机制才会回收这块内存。只有当内存被真正回收时，__del__()方法才会被调用。

测试代码如下

```
class Rectangle：
    """长方形类,实现周长和面积计算"""

    def __init__(self,length,width)：       # __init__()为构造方法
        print("---create---")
        self. length = length              # self. length 中的 length 为属性
        self. width = width                # self. width 中的 width 为属性

    def __del__(self)：                    # 析构方法
        print("---del---")

    def getarea(self)：                    # getarea()为实例方法
        return self. length * self. width

    def getperimeter(self)：               # getperimeter()为实例方法
        return (self. length + self. width) * 2

if __name__ == "__main__"：
    rect = Rectangle(10,8)
    rect2 = rect
    del rect
    print("ok")
```

运行结果如下。

```
---create---
ok
---del---
```

上述结果说明，当执行"del rect"语句时，并没有自动调用长方形的析构方法，因为此时 rect 所引用的长方形对象还被 rect2 所引用，所以长方形对象的内存空间还不能回收。继续执行下面的输出语句，至此程序结束。在结束前销毁所有对象，所以自动执行了__del__()方法。

__del__()方法一般不需要手动编写。

10. 1. 2. 4　数据属性

数据属性就是类的数据成员，用来描述类或实例的特征。数据属性有以下两种。

1）实例数据属性，用于描述实例的特征，为每个实例所分别拥有。

2）类数据属性，用于描述类的特征，被所有类的实例对象所共有，内存中只存在一个副本。

1. 实例数据属性

可在两个地方创建实例数据属性。

1）在类的构造方法和实例方法内。当在构造方法或实例方法内编写形如"self.变量名=值"这样的赋值语句时，就是创建了一个实例数据属性。在构造方法中创建实例数据属性更常见。

2）在类外部。能在类的外部动态增加实例数据属性，一般语法格式如下。

对象名 . 新数据属性名 = 值

下面使用"人"类演示在类内和类外创建实例数据属性，代码如下。

```
class Person：
    def __init__(self,name,age)：
        self. name = name          # 在构造方法内创建 name 实例数据属性
        self. age = age            # 在构造方法内创建 age 实例数据属性


if __name__ == "__main__"：
    p=Person("qq",20)
    p. gender="男"               # 在类外动态新增实例数据属性 gender
```

实例数据属性的访问和实例数据属性的创建语法相同。在类内，只能在实例方法中访问实例数据属性，访问实例数据属性时，需要使用"self.实例数据属性名"；在类外访问实例数据属性时，需要使用"对象名.实例数据属性名"。

2. 类数据属性

类数据属性的创建只能在类定义的内部且在方法外，语法格式如下。

数据属性名 = 值

可在两个地方访问类数据属性。

1）类内部。只能在类方法中访问，语法格式如下。

cls.类数据属性名

cls 为约定俗成的名称，表示类本身。

2）类外部。可以通过下面两种语法格式访问。

类.数据属性
实例.数据属性

推荐使用"类 . 数据属性"格式访问。

下面使用"人"类演示类数据属性的用法，代码如下。

```
class Person：
```

```
    def __init__(self,name,age):
        self.name = name
        self.age = age

    merit ="追求真善美"            # 在类内,方法外定义的变量为类数据属性
    fault = "自私"                # fault 为类数据属性

    def run(self):
        print("%s is running" %self.name)

    @classmethod
    def getmerit(cls):            # 以@ classmethod 装饰的方法为类方法
        return cls.merit          # 在类方法中访问类数据属性必须通过"cls.数据属性名"

if __name__ == "__main__":
    p = Person("qq",20)
    print(Person.merit,p.fault)   # 在类外,两种语法形式都可以访问类数据属性。
```

运行结果如下。

```
追求真善美 自私
```

10.1.2.5 方法

方法用来描述实例或类的行为,分为下列三种类型。

1) 实例方法,用于描述实例的行为,属于实例。

2) 类方法,用于描述类的行为,为类的所有对象所共享。

3) 静态方法,属于类,为类对象提供辅助功能。

1. 实例方法

实例方法定义时,第一个参数为 self。实例方法中只能访问实例数据属性。其余和函数定义类似。定义实例方法的语法格式如下。

> **class 类名:**
>> **def 实例方法名(self[,形参列表]):**
>>> **方法体**

调用实例方法时,语法格式如下。

> **对象名.方法名(实参列表)**

下面举例说明实例方法的定义和调用。

【例10-2】定义长方形类,含周长和面积的计算。并创建一个长和宽分别为 10 和 8 的长方形,计算它的周长和面积。

代码如下。

```
class Rectangle:
    """长方形类,实现周长和面积计算"""
```

```python
    def __init__(self,length,width):
        self.length = length
        self.width = width

    def getarea(self):          # getarea()为实例方法
        return self.length * self.width

    def getperimeter(self):     # getperimeter()为实例方法
        return (self.length + self.width) * 2

if __name__ == "__main__":
    rect = Rectangle(10,8)
    print("面积={},周长={}".format(rect.getarea(),rect.getperimeter()))
```

运行结果如下。

面积=80,周长=36

说明： 在调用一个实例的方法时，该方法的 self 参数会被自动绑定到实例上，或者说对象名会把引用的内存地址赋值给 self。调用时，只需要提供 self 参数后的实参。

2. 类方法

定义类方法时，可以使用 "@ classmethod" 装饰器来表明是类方法。第一个参数是 cls。这里 cls 代表该类自身，同 self 类似，cls 命名是约定俗成的。在类方法中可以访问类数据属性（通过 cls 访问类数据属性），无法访问实例数据属性。定义类方法的语法格式如下。

class 类名：
 @ classmethod
 def 类方法名(cls[,形参列表])：
  方法体

调用类方法时，可以使用 "类名.方法()"，也可以使用 "对象名.方法()"。建议通过类名调用类方法。

以 "人" 类为例，演示类方法的定义和调用，代码如下。

```python
class Person:
    def __init__(self,name,age):
        self.name = name
        self.age = age
    merit = "追求真善美"       # 在类内,方法外定义的变量为类数据属性
    fault = "自私"
    def run(self):
        print("%s is running"%self.name)
    @ classmethod
    def getmerit(cls):                # 以@ classmethod 装饰的方法为类方法
        return cls.merit
```

```
        @ classmethod
        def getfault( cls ) :
            return cls. fault


    if __name__ == "__main__" :
        p = Person( "qq",20)
        print( Person. getmerit( ) ,p. getfault( ) )
```

运行结果如下。

追求真善美 自私

类方法有什么作用呢？在讲解之前先介绍下重载。重载就是在一个类中可以定义多个同名但参数类型和个数不同的方法。C++、Java 和 C#等语言都支持重载，但 Python 语言不支持重载。在 Python 语言中，如果一个类中有多个重名的方法，实际起作用的是最后一个，相当于后面的重名方法会把前面的都覆盖掉；调用时，如果参数个数和最后一个不同，就算和前面同名且参数个数相同，也一样会出错。例如：

```
    class Person:
        def __init__( self,name,age) :
            self. name = name
            self. age = age


        def __init__( self,name) :
            self. name = name
```

上述代码定义了两个构造方法，第一个需要 3 个参数，第二个需要 2 个参数，当使用下列代码实例化时：

```
    p = Person( "qq",20)
```

会抛出异常"TypeError：__init__( ) takes 2 positional arguments but 3 were given"。这个结果表明，即使定义了多个同名的方法，但实际有效的是最后定义的方法。

这就带来一个实际的问题：类中的__init__( )方法实际上只有一个，但是常常需要采用不同的方式来创建实例。用 classmethod 就能完美地解决这类需求。

例如，定义一个 Date 日期类，它的构造方法如下。

```
    class Date:
        def __init__( self, year=0, month=0, day=0) :
            self. year = year
            self. month = month
            self. day = day
```

实例化时，当前只能通过提供三个分别代表年、月、日整数的形式创建。

```
    d = Date( 2020,1,5)
```

若希望也能通过形如"2020-1-5"的字符串创建一个实例，可以定义一个如下所示的类方法。

```
class Date：
    def __init__(self, year=0, month=0, day=0)：
        self. year = year
        self. month = month
        self. day = day

    @classmethod
    def fromstring(cls, date_as_string)：
        year, month, day = map(int, date_as_string. split("-"))
        return cls(year, month, day)
```

这样就能通过如下形式创建一个日期对象。

```
d2 = Date. fromstring("2020-1-5")
```

综上所述，类方法能够起到构造函数的作用。

3. 静态方法

定义静态方法时，可以使用 "@staticmethod" 装饰器来表明是静态方法。静态方法的参数列表中没有 cls，也没有 self，所以在静态方法中无法访问数据属性。定义静态方法的语法格式如下。

class 类名：
    @staticmethod
    def 静态方法名([形参列表])：
        方法体

同类方法的调用与此类似，调用静态方法时，可以使用 "类名.方法()"，也可以使用 "对象名.方法()"。建议通过类名调用静态方法。

在什么场景下使用静态方法呢？跟类有关系但在运行时又不需要实例和类参与的情况下需要用到静态方法，如校验传入值或更改环境变量等。这种情况下也可以直接用模块级别的函数解决，但这样会扩散类内部的代码，造成维护困难。

仍然以 Date 日期类为例，演示静态方法的定义和调用，同时请体会静态方法的作用。代码如下。

```
class Date：

    def __init__(self, year=0, month=0, day=0)：
        self. year = year
        self. month = month
        self. day = day

    @classmethod
    def fromstring(cls, date_as_string)：
```

```
        year, month, day = map(int,date_as_string. split("-"))
        return cls(year,month,day)

    @staticmethod
    def isvalid_date(date_as_string):
        year, month, day = map(int, date_as_string. split("-"))
        return year <= 3999 and month <= 12 and day <= 31

if __name__ == "__main__":
    is_date = Date. isvalid_date("2020-1-5")
    if is_date:
        d = Date. fromstring("2020-1-5")
```

10.1.2.6　成员的可访问性

在类内定义的成员，在类外可访问吗？答案是否定的，这取决于成员的可访问域。可以访问一个成员的代码范围称为该成员的可访问域。成员有访问限制使类的成员在不同范围内具有不同的可见性，用于实现数据或代码的隐藏。

C++、Java 和 C#等语言使用 private、public 和 protected 等成员访问修饰符来控制所修饰成员的可访问域。在 Python 中，没有这些关键字，只是通过在成员名称前面加上不同的符号表明不同的可访问性，具体说明如下。

1）__xxx（2 个下画线）：表明成员为私有的（private），即成员只能在类内被访问。

2）_xxx（1 个下画线）：表明成员是受保护的（protected），即成员能在类内和类的派生类中被访问。

3）xxx：表明成员为公共的（public），即成员可随处被访问。

以"人"类为例，在类内创建一个表示年龄的私有属性，代码如下。

```
class Person:
    def __init__(self,name,age):
        self. name = name
        self. __age = age
```

测试在类外能否直接访问__age，代码如下。

```
p = Person("qq",20)
print(p. name,p. __age)
```

上述代码在运行到 print 语句时抛出一个异常"AttributeError：'Person' object has no attribute '__age'"。这个结果表明，名称前带两个下画线的成员在类外不能被访问。确实不能被访问吗？来看一下 Python 的具体实现机制。其实对于名称前带两个下画线的成员，Python 在编译时只是对它变换了名称。变换规则为：把"__成员名"变为"_类名__成员名"，所以在类外，仍然可以访问私有成员，只是访问时要在名称前面加"_类名"。

在类外访问私有属性__age 的正确语句如下。

```
p = Person("qq",20)
print(p. name,p. _Person__age)
```

运行结果如下。

```
qq 20
```

因此, Python 解释器无法严格保证私有成员的私密性。

10.1.2.7 与类相关的 Python 语言编码规范

下面列出与类相关的 Python 语言编码规范。

1) 类名一般使用每个单词首字母大写的约定。方法名和数据属性名全小写,加下画线增加可读性。

2) 文件中的顶层函数定义与类之间用两个空行隔开。

3) 在同一个类中,各方法之间用一个空行隔开。class 行与第一个方法定义之间要有一个空行。

4) 类定义行(即"class"关键字所在行)后面紧跟文档字符串用以说明类的基本功能。文档字符串使用三个双引号。

5) 把实例方法的首个参数命名为 self,表示该对象自身。

6) 把类方法的首个参数命名为 cls,表示该类自身。

7) 私有的实例属性,应以两个下画线开头。

8) 受保护的实例属性,应以一个下画线开头。

10.1.3 案例实现

基本思路:定义"人"类,该类具有姓名、性别和年龄实例数据属性,具有优点和缺点类数据属性,能呼吸,会吃食物。

代码如下。

```
class Person:
    """人类,具有姓名、性别等基本特征和呼吸、吃等基本行为"""
    def __init__(self,name,gender,age):
        self. name = name
        self. gender = gender
        self. __age = age
    merit = "追求真善美"        # 在类内,方法外定义的变量为类属性
    fault = "自私"
    def breathe(self):
        print("%s needs breathe"%self. name)


    def eat(self):
        print("%s needs eat"%self. name)


    @classmethod
    def getmerit(cls):                   # 以@classmethod 装饰的方法为类方法
```

```
        return cls. merit

    @ classmethod
    def getfault( cls) :
        return cls. fault
```

10.2 案例 29：设计不同类型的"员工"类

10.2.1 案例描述

已知某公司有三种职位类型的员工。每类员工的工资计算方式不同，描述如下。

1) 文员（Clerk）。工资计算方式是：基本工资+奖金-缺勤天数 * 5。

2) 销售员（Salesman）。工资计算方式是：基本工资+销售业绩 * 0.05。

3) 临时工（HourlyWorker）。工资计算方式是：工作小时数 * 20。

每个员工都有自己的工号、姓名。请利用面向对象编程思想，设计并实现合理的员工类。

分析：如果只设计一个"员工"类，数据属性除了三类员工都具备的工号和姓名外，还需要有基本工资、奖金、缺勤天数、销售业绩和工作小时数。而奖金和缺勤天数对于销售员和临时工来说是多余的，其他数据属性都类似。因为每类员工的工资计算方式不同，所以需要在"员工"类内定义三个用于计算工资的方法，这对于使用"员工"类的使用者来说显得不方便。如果设计三个独立的类，每个类的工号和姓名两个数据属性都重复。如何合理地设计员工类，使得既没有重复的代码，也方便今后的扩展呢？这就需要学习面向对象编程的第二个特性——继承。利用继承可以"优雅"地解决上述问题。

10.2.2 相关知识

10.2.2.1 继承

1. 继承的概念与作用

假设现在要构建一个新类 A，类 A 和已构建好的类 B 之间是"属于"关系，也就是说，类 A 是类 B 的一种，如天鹅和鸟的关系。因为类 A 属于类 B，所以类 B 所有的成员，类 A 都应该拥有。如何创建类 A，使其能够拥有类 B 的所有成员，还不需要重写呢？答案是利用继承。

继承是指在现有类的基础上构建一个新的类，构建出来的新类被称为子类或派生类；现有类被称为父类或基类。类之间一旦有继承关系，子类就会自动拥有父类的所有属性和方法。继承是面向对象编程中重要的特性。

继承分为单继承（一个子类仅有一个父类）和多继承（一个子类有多个父类）。Python 语言支持多继承。

2. 继承语法

在 Python 语言中，继承的语法格式如下。

class DerivedClassName(BaseClass1 [, BaseClass2 , …]) :
　　子类新增成员定义

基类的类名一定要写在括号内。如果定义一个类时没有指明基类，则默认基类为object。

下面定义一个简单的 Chinese 类，由 Person 类派生。代码如下。

```python
class Person:
    def __init__(self, name, age):
        self.name = name
        self.__age = age

    def eat(self):
        print("人要吃东西")

class Chinese(Person):
    pass

if __name__ == "__main__":
    c = Chinese("qq", 20)
    print(c.name, c._Person__age)
    c.eat()
```

运行结果如下

```
qq 20
人要吃东西
```

从运行结果可以看出，虽然 Chinese 类内没有任何成员定义，但由于继承自 Person 类，因此自动拥有父类的所有成员。

3. 继承的一些原则

（1）子类重写父类的同名方法

如果在 Chinese 类中重写父类中已有的 eat() 方法，结果会如何？代码变为：

```python
class Chinese(Person):
# pass
    def eat(self):
        print("中国人爱吃米面")
```

仍然使用下列代码测试。

```python
c = Chinese("qq", 20)
print(c.name, c._Person__age)
c.eat()
```

运行结果如下。

```
qq 20
中国人爱吃米面
```

212

很显然，当调用 c. eat( )方法时，执行的是子类的 eat( )方法。也就是说，当在子类中重写父类的同名方法时，子类方法就覆盖掉父类的同名方法（参数不同也不用管）。这点和 Python 不支持重载类似，后面的总是覆盖掉前面的。

子类会继承父类的所有属性和方法，子类也可以覆盖父类同名的属性和方法。

（2）子类构造方法的调用原则

在 Python 中，子类构造方法的调用原则如下。

1）如果子类没有定义自己的构造方法，实例化一个子类对象时，默认调用父类的构造方法。

2）如果子类定义了自己的构造方法，子类其实是重写了父类的构造方法，实例化一个子类对象时，会调用子类的构造方法。

这种调用原则其实和子类重写父类的同名方法是一致的，构造方法本身就是一种特殊的方法。下面举例说明，代码如下。

```python
class Person：
    def __init__(self,name,age)：
        print("父类构造方法")
        self. name = name
        self. __age = age
    def eat(self)：
        print("人要吃东西")


class Chinese(Person)：
    def __init__(self, name, age)：
        print("子类构造方法")
    def eat(self)：
        print("中国人爱吃米面")


if __name__ == "__main__"：
    c = Chinese("qq",20)
```

运行结果如下。

子类构造方法

3）如果在子类构造方法中没有显示调用父类的构造方法，父类的构造函数就不会被执行，则父类的数据属性不会被创建。

例如，用上述代码实例化 c 之后，再调用父类的数据属性，代码如下。

```python
c = Chinese("qq",20)
print(c. name,c. _Person__age)
```

运行结果如下。

子类构造方法
Traceback (most recent call last)：

File "E:/textbook_Python/program/chapter10_OOP/demo10_继承示例.py", line 98, in <module>
    print(c.name,c._Person__age)
AttributeError: 'Chinese' object has no attribute 'name'

运行结果表明，Chinese 对象没有数据属性 name。

要想让子类对象拥有父类的数据属性，需要在子类的构造方法中调用父类的构造方法。

4. 子类调用父类方法

子类调用父类方法的方式有以下两种。

（1）通过父类名称调用父类方法

在子类中通过父类名称调用父类方法的语法格式如下。

父类名.方法( )

例如，在 Chinese 类的构造方法中调用父类 Person 的构造方法，代码如下。

```
class Chinese(Person):
    def __init__(self, name, age, id):
        print("子类构造方法")
        Person.__init__(self,name,age)     # 调用父类构造方法
        self.id = id


if __name__ == "__main__":
    c = Chinese("qq",20,"3701022000006080035")
    print(c.name,c._Person__age,c.id)
```

运行结果如下。

```
子类构造方法
父类构造方法
qq 20 3701022000006080035
```

这种方法称为调用父类的未绑定方法。在通过实例调用一个实例方法时，该方法的 self 参数会被自动绑定到实例上（称为绑定方法）。但如果直接通过类名来调用方法［如 Person.__init__( )］，那么就没有实例会被绑定。这样必须显式地提供一个实例作为第一个参数，这种方法称为未绑定方法。上述代码中，子类实例绑定到 self 参数。

这种调用方式有一个缺点，需要把父类名硬编码到子类中，所以当父类名称改变时，必须遍历整个子类定义，把子类中所有的父类名全部替换过来。然而，用第 2 种方式就可以避免这个问题。

（2）通过 super 调用父类方法

在子类中通过 super 调用父类方法的语法格式如下。

super( ).方法(实参列表)

注意：super 后面带括号。

仍以 Person 类和 Chinese 类为例，通过 super 实现在 Chinese 类的构造方法中调用父类 Person 的构造方法，代码如下。

214

```
class Chinese(Person):
    def __init__(self, name, age, id):
        print("子类构造方法")
        # Person.__init__(self, name, age)
        super().__init__(name, age)
        self.id = id

    def eat(self):
        print("中国人爱吃米面")


if __name__ == "__main__":
    c = Chinese("qq", 20, "370102200006080035")
    print(c.name, c._Person__age, c.id)
```

运行结果如下。

子类构造方法
父类构造方法
qq 20 370102200006080035

结果和第1种通过父类名调用父类方法一样。

在单继承中，super主要用来调用父类的方法，super看起来像父类。果真如此吗？试运行下面一段多继承代码（samplecode10_1）。

```
class A:
    def __init__(self):
        self.n = 2

    def add(self, m):
        print('self is {0} @ A.add'.format(self))
        self.n += m


class B(A):
    def __init__(self):
        self.n = 3

    def add(self, m):
        print('self is {0} @ B.add'.format(self))
        super().add(m)
        self.n += 3


class C(A):
    def __init__(self):
        self.n = 4
```

```
    def add(self, m):
        print('self is {0} @ C. add'.format(self))
        super().add(m)
        self.n += 4


class D(B, C):
    def __init__(self):
        self.n = 5


    def add(self, m):
        print('self is {0} @ D. add'.format(self))
        super().add(m)
        self.n += 5


if __name__ == "__main__":
    d = D()
    d.add(2)
    print(d.n)
```

运行结果如下。

```
self is <__main__.A12 object at 0x000001C991979D30> @ D. add
self is <__main__.A12 object at 0x000001C991979D30> @ B. add
self is <__main__.A12 object at 0x000001C991979D30> @ C. add
self is <__main__.A12 object at 0x000001C991979D30> @ A. add
19
```

运行结果和预期的不同。当调用 super().add() 方法时，到底执行哪个类的 add() 方法呢？因此，需要继续了解"方法解析顺序"。

5. 方法解析顺序

对于支持继承的编程语言来说，调用的方法或访问的属性可能定义在当前类，也可能来自于基类，所以在调用方法时就需要对当前类和基类进行搜索以确定方法所在的位置。而搜索的顺序就是所谓的方法解析顺序（Method Resolution Order，MRO）。方法解析顺序的结果不妨用一个列表表示。

试运行下面一段代码（samplecode10_2）。

```
class A:
    def __init__(self):
        self.n = 1
    def change(self, m):
        self.n = m


class A1(A):
    def __init__(self):
```

```
            self. n = 2
        def change(self,m):
            self. n += m


    class A2(A):
        def __init__(self):
            self. n = 3
        def change(self,m):
            self. n -= m


    class A12(A1,A2):
        def __init__(self):
            self. n = 4


    if __name__ == "__main__":
        a12 = A12()
        a12. change(10)
        print(a12. n)
```

运行结果如下。

14

分析上述代码可知，类 A、类 A1、类 A2 和类 A12 之间构成菱形继承关系，如图 10-1 所示。

如代码所示，a12 是 A12 类的一个实例，因为 A12 类中本身没有 change() 方法，那么 a12. change() 到底会调用哪个基类的 change() 方法呢？

如果按照 A12 → A1 → A2 → A 的搜索顺序，那么 a12. change() 会调用 A1 类的 change() 方法。

如果按照 A12 → A → A1 → A2 的搜索顺序，那么 a12. change() 会调用 A 类的 change() 方法。

如何确定方法解析顺序呢？方法解析顺序的实质就是把

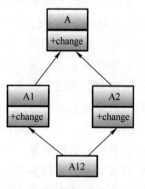

图 10-1 类的继承关系

类的继承关系线性化，而线性化方式决定了程序运行过程中调用哪个方法。从 Python 2. 3 到 Python 3 一直采用 C3 算法确定方法解析顺序。此处不对 C3 算法展开讨论。

不了解算法如何获得方法解析顺序呢？有两种简单的方式。

1）定义子类时父类的书写顺序决定了方法解析顺序。

例如，对于 class child(parent1,parent2,…. ,parentn)，搜索顺序一定是 child→parent1→parent2→…→parentn。

2）利用 __mro__ 属性或者 mro() 方法。

Python 语言的每一个有父类的类都有一个与方法解析顺序相关的特殊属性 __mro__。它是一个元组，装着方法解析时的对象查找顺序，越靠前的优先级越高。

Python 3. x 之后，还可以用"类名 . mro()"。

测试上述代码 A12 类的方法解析顺序。

```
print(A12.mro())
```

运行结果如下。

[<class '__main__.A12'>，<class '__main__.A1'>，<class '__main__.A2'>，<class '__main__.A'>，<class 'object'>]

所以，执行 a12.change() 时，先从 A12 类中搜索 change() 方法，结果没有找到，则继续在后面的 A1 类中搜索，找到则停止搜索。执行 A1 类的 change() 方法，结果为 10+4=14。

回到之前的代码段 samplecode10_1，super() 指的是父类吗？不是，super() 指的是当前类在 mro 列表的后面的一个类实例。下面验证一下，D.mro()=[D，B，C，A，object]，所以执行顺序如图 10-2 所示。

```
class D(B, C):        class B(A):           class C(A):           class A:
    def add(self, m):     def add(self, m):     def add(self, m):     def add(self, m):
        super().add(m) 1.--->  super().add(m) 2.--->  super().add(m) 3.--->   self.n += m
        self.n += 5   <------6. self.n += 3  <----5.  self.n += 4  <----4. <--|
        (14+5=19)            (11+3=14)             (7+4=11)              (5+2=7)
```

图 10-2 代码段 samplecode10_1 的执行顺序

10.2.2.2 多态

多态从字面上理解就是多种形态的意思。多态这个概念最早来自生物学，生物学中的多态性（Polymorphism）是指一个物种的同一种群中存在两种或多种明显不同的形态和状态。生活中也有多态的体现。例如，同样一个行为，不同种族或不同地区的人的表现形式却是不同的，如吃饭，有人偏好用筷子，有人偏好用刀叉；再如熟人之间见面礼仪，中国人一般都握手问候，一些西方国家的人多为拥抱。这种不同的类型对象对于同一方法表现出了不同的行为方式就是多态。

面向对象中的多态是指同一操作作用于不同的类实例，不同的类将进行不同的解释，最后产生不同的执行结果。具体实现多态时，不同语言要求不同。对于 C++、Java 和 C#等强类型语言来说，实现多态一定要以继承为前提，而 Python 语言不需要类之间有继承关系。Python 是一种动态语言，崇尚"鸭子"类型，即"当看到一只生物走起来像鸭子、游泳起来像鸭子、叫起来也像鸭子，那么这只生物就可以被称为鸭子。"也就是说，它不关注对象的类型，而是关注对象具有的行为。

下面用代码来解释和体会一下。定义三个类，其中 Chinese 类继承自 Person 类，Cat 为独立的一个类。

```
class Person：
    def eat(self)：
        print("人类需要吃饭")

class Chinese(Person)：
    def eat(self)：
```

```
        print("中国人爱吃米面")
    class Cat:
        def eat(self):
            print("小猫爱吃鱼")
```

现有一个函数传入 Person 类实例,并调用了它的 eat( )方法。将方法传入 Cat 类实例同样可以。函数并不会检查对象的类型是不是 Person 类,只要它拥有 eat( )方法就可以被正确调用。代码如下。

```
    def eatfood(obj):
        obj.eat()

    if __name__ == "__main__":
        chinese = Chinese()
        cat = Cat()
        eatfood(chinese)
        eatfood(cat)
```

运行结果如下。

```
中国人爱吃米面
小猫爱吃鱼
```

在 Python 语言中,它只关注对象有没有这个方法,而不在意对象是什么类或继承自哪个父类。

10.2.3 案例实现

基本思路:设计一个 Employee 类为父类,设计三个子类 Clerk 类、Salesman 类和 HourlyWorker 类,分别继承自"员工"类。

代码如下。

```
    class Employee:
        def __init__(self, id, name):
            self.id = id
            self.name = name

    class Clerk(Employee):
        def __init__(self, id, name, basic, bonus, offdays):
            super().__init__(id, name)
            self.basic = basic
            self.bonus = bonus
            self.offdays = offdays

        def getsalary(self):
            return self.basic + self.bonus - self.offdays * 5    # 基本工资+奖金-缺勤天数 * 5
```

```
class Salesman(Employee):
    def __init__(self, id, name, basic, salesnum):
        super().__init__(id, name)
        self.basic = basic
        self.salesnum = salesnum
    def getsalary(self):
        return self.basic + self.salesnum * 0.05          # 基本工资+销售业绩*0.05

class HourlyWorker(Employee):
    def __init__(self, id, name, workhours):
        super().__init__(id, name)
        self.workhours = workhours
    def getsalary(self):
        return self.workhours * 20                        # 工作小时数*20
```

10.3　案例30：处理来自不同数据源的书评

10.3.1　案例描述

现有大量用户对图书写书评，为了在页面正常显示书评，需要将超过一定长度的书评用省略号替代。源书评可能存储在列表中，也可能存储在元组中，还可能来自文件。要求完成对书评的处理。

分析：如果源书评存储在列表中，直接对列表中超过一定长度的书评进行修改。但这种思路不适合存储在元组中的评论。列表、元组和文件对象都为可迭代对象，可以针对可迭代对象操作。但是处理之后的书评如何存储呢？这可用生成器函数"优雅"地解决。

10.3.2　相关知识

10.3.2.1　再谈可迭代对象和迭代器

在第5.7节中，已经对可迭代对象和迭代器进行了简单介绍。本节再次从类的角度介绍可迭代对象和迭代器。

任何实现了 __next__() 方法的对象都可以称为迭代器。__next__() 方法的作用是返回迭代的下一个元素，如果到末尾就抛出 StopIteration 异常，以终止迭代。通过不断调用一个迭代器对象的__next__()方法，或使用内置函数 next()，能依次获得集合中的元素。

迭代器是有状态的，在遍历一次迭代器后，如果尝试再次循环，它将为空。例如：

```
>>> m = map(str, range(3))
>>> m.__next__()
'0'
>>> m.__next__()
'1'
>>> m.__next__()
'2'
```

```
>>> m. __next__( )
Traceback ( most recent call last) :
    File " <pyshell#7>" , line 1, in <module>
        m. __next__( )
StopIteration
```

此时，m 已到末尾，如果再次调用__next__( )方法或者对 m 循环，结果都为空，代码如下。

```
>>> m. __next__( )
Traceback ( most recent call last) :
    File " <pyshell#9>" , line 1, in <module>
        m. __next__( )
StopIteration
>>> for data in m:
        print( data)


>>>
```

如果一个对象只能使用一次，就太浪费了，所以，还需要一种能生成迭代器的对象，这种对象就是可迭代对象。任何实现了__iter__( )方法的对象都叫可迭代对象。__iter__( ) 方法的作用就是返回一个迭代器。

迭代器一般也含有__iter__( )方法，这和使用频繁的 for 语句和 sum( )等函数有关。先来了解一下 for 语句的工作原理。for 语句的语法格式如下。

```
for i in someobject:
    pass
```

其中，someobject 必须是一个可迭代对象。执行 for 语句时先利用可迭代对象的__iter__( )方法获得一个迭代器，然后不停地调用迭代器的__next__( )方法，直到遇到抛出 StopIteration 异常，迭代结束。

Python 语言中有很多迭代器对象，如 map 对象、enumerate 对象、zip 对象等。如果想在 for 循环中使用迭代器中的值，则需要定义一个可迭代对象，在可迭代对象的__iter__( )方法中返回迭代器。不过，这样做实在太麻烦。为了方便在 for 循环中直接使用迭代器，就需要让迭代器本身也是一个可迭代对象，也就是让迭代器对象也实现__iter__( )方法。迭代器对象的__iter__( )方法中，返回的迭代器基本上是它自身。

下面举例说明一个迭代器的定义。

【例 10-3】定义一个斐波拉契数列迭代器。

代码如下。

```
class Fib:

    def __init__( self) :
        self. prev, self. cur = 0, 1
```

```python
    def __iter__(self):
        return self

    def __next__(self):
        self.cur, self.prev = self.cur + self.prev, self.cur
        return self.cur

if __name__ == "__main__":
    fib = Fib()
    for i in range(5):
        print(fib.__next__())
```

运行结果如下。

```
1
2
3
5
8
```

25 生成器

10.3.2.2 生成器

当定义一个迭代器时，需要写一个类，这个类要实现__iter__()方法和__next__()方法。定义起来较为烦琐。Python 语言提供了生成器这种对象类型，可以方便地获得一个迭代器，不需要通过定义一个类的方式来获得迭代器。

生成器是一种特殊的迭代器，它自动实现了迭代器协议（即__iter__()和__next__()方法），不需要再手动实现这两个方法。生成器就是实现一个迭代器的语法糖。所谓语法糖，就是那种清晰明了的编程语言语法，可以把心中想对计算机说的千言万语，轻易地用编程语言表达出来。生成器是 Python 语言中的三大神器（装饰器、迭代器和生成器）之一。

Python 语言提供了生成器表达式和生成器函数两种生成生成器的方式。

1. 生成器表达式

生成器表达式从外形上看类似于列表推导式，只不过把方括号"[ ]"改成圆括号"( )"。最大的区别是生成器表达式返回按需产生结果的一个对象，而不是一次构建一个结果列表。生成器表达式的语法格式如下。

(expr for iter_var in iterable if cond_expr)

例如：

```
>>> g = (str(i) for i in range(3))
>>> g
<generator object <genexpr> at 0x00000271854D0780>
>>> next(g)
'0'
>>> next(g)
'1'
>>> next(g)
```

```
'2'
>>> next(g)
Traceback（most recent call last）:
    File "<pyshell#18>"，line 1, in <module>
        next(g)
StopIteration
```

2. 生成器函数

生成器函数的定义与常规函数的定义类似，唯一的区别是生成器函数使用 yield 语句而不是 return 语句。

生成器函数被调用时会返回一个生成器对象。注意，yield 对应的值在函数被调用时不会立刻返回，而是调用 next()方法时才返回。

下面使用生成器函数生成斐波那契数列，代码如下。

```
>>> def fib():
        prev, curr = 0, 1
        while True:
            yield curr
            prev, curr = curr, curr + prev
```

调用上述生成器函数，观察函数的返回值。

```
>>> f = fib()
>>> f
<generator object fib at 0x00000297F0E00728>
```

从运行结果可以看出，函数返回值不是 yield 对应的值，而是一个生成器对象。调用 next()函数才返回 yield 对应的值。例如：

```
>>> next(f)
1
>>> next(f)
1
>>> next(f)
2
>>> next(f)
3
```

下面讲解一下生成器函数的工作过程。

1）Python 解释器看到函数中有 yield 语句，就知道这是一个生成器函数。

2）Python 解释器会把这个生成器函数转换为一个迭代器，__iter__()方法和__next__()方法的实现，都是 Python 解释器自己完成的。

3）Python 解释器在实现__next__()方法的时候，要参照生成器函数中的 yield 语句，每一条 yield 语句，在__next__()方法中都应该有对应的返回值处理，也就是说，生成器函数中 yield 的值就是生成的迭代器每一次迭代得到的值。

4）Python 解释器根据生成器函数生成的迭代器，就是生成器对象，作为生成器函数的返回值，返回给生成器函数的调用者。

通过上面流程的梳理可以看到，生成器函数中的 yield 语句，并不是该生成器函数的返回值，而是根据该生成器函数生成的迭代器的__next__()方法的返回值。生成器函数的返回值是一个生成器类型的迭代器对象。

10.3.3 案例实现

基本思路：将处理过程定义为一个生成器函数，参数为存储源书评的可迭代对象和最大长度值。yield 的值为每一条处理后的书评。

代码如下。

```
def processcomment(comments, max_length = 20):
    """评论超过最大长度限制时,用省略号代替"""
    for data in comments:
        if len(data) > max_length:
            yield data[:max_length] + "..."
        else:
            yield data


if __name__ == "__main__":
    # comments = ("每年都要拿出来翻阅一遍。至爱至爱。",
    #                "原来人从幼稚任性成长到坚韧无所不能只需要一个契机,而这个转折点一定是痛苦。如果可以慢一点就好了。",
    #                "关于爱和奢望,关于战争和毁灭,关于奋斗和牺牲。有太多的话可以说,又怎么样都说不完。",
    #                "记录下人生的话,每一刻人都在变,只是有时变得美丽,有时变得可悲。")
    # gen = processcomment(comments)
    # for item in gen:
    #     print(item)
    with open("comments.txt") as fp:
        gen = processcomment(fp)
        for item in gen:
            print(item)
```

运行结果如下。

```
每年都要拿出来翻阅一遍。至爱至爱。
原来人从幼稚任性成长到坚韧无所不能只需要...
关于爱和奢望,关于战争和毁灭,关于奋斗和...
记录下人生的话,每一刻人都在变,只是有时...
```

针对可迭代对象编程，函数的通用性更广，用生成器函数，效率也更高。

小结

1. 面向过程和面向对象都是解决问题的思维方式。面向对象编程思想是把构成问题的事务分解成各个相对独立的对象，再将各个对象交互组合成整个系统。

2. 类是具有相同属性和行为的对象集合的模板。实例是根据类创建出来的一个个具体的"对象"。

3. 面向对象的三大特性是封装、继承和多态。

4. 类由数据属性和方法两类成员构成。

5. 类之间一旦有继承关系，子类就会自动拥有父类的所有属性和方法，子类也可以覆盖父类同名的属性和方法。

6. 任何实现了__iter__()方法的对象都叫可迭代对象。任何实现了__next__()方法的对象都可以称为迭代器。

7. 生成器是实现一个迭代器的语法糖。使用生成器表达式和生成器函数两种方式生成生成器。

习题

一、填空题

1. _____是具有相同属性和行为的对象集合的模板。_____是根据类创建出来的一个个具体的"对象"。

2. 面向对象的三大特性是封装性、_____和_____。

3. 类中有两类成员，分别为_____和_____。

4. 数据属性分为_____和_____。

5. 方法分为_____、类方法和_____。

6. 实例方法的第一个参数约定俗成为_____，表示实例本身；类方法的第一个参数约定俗成为_____，表示类自身。

7. 在成员名称前面加上_____表明其为私有成员；在成员名称前面加_____表明其为受保护成员。

8. 使用装饰器_____标识类方法，使用_____标识静态方法。

9. 构造生成器的两种方式为_____和_____。

二、选择题

1. 下列关于面向过程和面向对象的说法中错误的是（   ）。
    A. 面向过程和面向对象都是解决问题的思维方式
    B. 面向过程注重解决问题的步骤
    C. 面向对象注重问题中各个对象及对象之间的关系
    D. 不论解决什么样的问题，都应该采用面向对象

2. 构造方法的作用是（   ）。
    A. 为对象分配内存空间   B. 初始化实例属性
    C. 初始化类属性   D. 没什么特殊的，与普通实例方法类似

3. 构造方法是类的一个特殊方法，在 Python 语言中，它的名称固定为（   ）。
    A. 与类同名   B. __init   C. __init__   D. init

4. 下列关于方法调用的说法中错误的是（   ）。

A. 实例方法只能通过"对象名．方法( )"调用，不能通过"类名．方法( )"调用

B. 类方法只能通过"类名．方法( )"调用，不能通过"对象名．方法( )"调用

C. 静态方法既可以使用"类名．方法( )"调用，也可以使用"对象名．方法( )"调用

D. 调用类方法和静态方法时，建议通过"类名．方法( )"调用

5. 下列关于方法定义中访问属性的说法中错误的是（　　　）。

A. 实例方法中只能访问实例属性，不能访问类属性

B. 类方法中只能访问类属性，不能访问实例属性

C. 静态方法中既可以访问类属性，也可以访问实例属性

D. 静态方法中既不能访问类属性，也不能访问实例属性

6. 下列名称中符合 Python 类名规范的是（　　　）。

A. BinaryNode　　　　B. binarynode　　　　C. binary_node　　　　D. Binary_Node

7. 下列关于继承的说法中正确的是（　　　）。

A. Python 语言只支持单继承

B. 在子类中可以调用父类的方法

C. 调用子类的构造方法时，会先自动执行父类的构造方法

D. 子类会继承父类的所有属性和方法，子类不能覆盖父类同名的属性和方法

8. 下列关于生成器的说法中错误的是（　　　）。

A. 生成器是一种特殊的迭代器

B. 生成器表达式比列表推导式节省空间

C. 调用生成器函数返回 yield 语句对应的值

D. 调用生成器函数返回一个生成器对象

课后实训

1. 设计三个类，分别为圆类、长方形类和三角形类。自定义数据属性，提供计算周长和面积的方法。并对三个类进行实例化，计算各自的周长和面积。

2. 设计一个表示学生的类，数据属性有学号、姓名和成绩（多门功课的成绩），方法为计算所有科目中的最高分、最低分和平均分。

3. 已知某公司有三种类型员工。

1）文员（Clerk），工资计算方式是：基本工资+奖金−缺勤天数＊5；

2）销售员（Salesman），工资计算方式是：基本工资+销售业绩＊0.05；

3）临时工（HourlyWorker），工资计算方式是：工作小时数＊20；

每个员工都有自己的工号、姓名。

自行设定公司员工信息，编程计算公司发放工资的总数。

4. 现有 n 行纯英文字符串保存在一个文本文件中，使用生成器函数计算每行中每个单词的首字母在一行字符串中的位置。

参 考 文 献

［1］董付国．Python 可以这样学［M］．北京：清华大学出版社，2017．

［2］布雷特·斯拉特金．Effective Python：编写高质量 Python 代码的 59 个有效方法［M］．爱飞翔译．北京：机械工业出版社，2016．

［3］卢西亚诺·拉马略．流畅的 Python［M］．安道，吴珂译．北京：人民邮电出版社，2017．

［4］黑马程序员．解析 Python 网络爬虫：核心技术、Scrapy 框架、分布式爬虫［M］．北京：中国铁道出版社，2018．